汉竹主编·亲亲乐读系列

备孕
营养餐

刘桂荣 编著

江苏凤凰科学技术出版社

全国百佳图书出版单位

导读

　　女性的生育能力与年龄有着密切的联系，平均育龄的日渐升高，无论是头胎还是二胎，女性的生育压力均越来越大。女性的生育能力从 30 岁便开始走下坡路，生殖器官的功能也有所减退，如果孕妈妈自身的身体素质难以保证，给胎儿提供的生长发育环境也会不稳定。所以调整好身体，做好孕前准备是非常有必要的。

　　从科学营养的饮食入手，调整 3 个月，每天吃好三顿饭，新陈代谢快起来，毒素没有囤积的机会，让身体更轻松地迎接"好孕"的到来。

　　食物是滋养身体的良药，在中国的饮食文化中，有许多食物对身体有补益作用，民间更是有"吃啥补啥"的说法，只要合理选用补益食物，都能起到很好的强身健体的效果。让食物帮助身体排除毒素，增强免疫力和受孕力，坚持 3~6 个月，静等"好孕"到来。

目录

第二章
增强免疫力

第三章
提高受孕力

第四章
4 周备孕食谱推荐

第一章
先给身体清肠排毒

　　孕前排毒已成为许多夫妻备孕中的一项重要任务，因为在生活中积累的毒素会影响受孕，尤其是身体处于亚健康状态的上班族，本身抵抗力弱，被有毒物质侵害的概率就大大上升。因此计划怀孕前，夫妻双方最好给身体彻底排毒，"干干净净"的身体环境，对孕育健康宝宝十分有益。

　　孕前排毒方法一定要找准，规律的饮食和作息、健康的运动方式以及积极乐观的心态，都是非常好的排毒方法。

提前 3~6 个月备孕

改善身体状况

以最佳的身体状态迎接宝宝，是做父母的职责。细节决定结果，远离烟酒、换下牛仔裤、保持理想体重……所有的细节都是为了迎接那个美丽的天使。所以从决定要宝宝的那一刻起，夫妻双方就要进行生活、工作的调整，特别是要改变不良的生活方式，让宝宝在孕育伊始就是棒棒哒！

提前 3~6 个月做备孕计划

备孕夫妻最好提前 3~6 个月做好身体准备，以便在饮食和生活方式上的改变在怀孕前发挥作用，把自己的身体调理到最佳状态。如果备孕夫妻患有某种疾病，应该在怀孕前至少 3~6 个月找医生咨询你的健康问题，并根据需要调整治疗方案。即使没有任何健康问题，备孕夫妻也最好做一个全面的孕前健康检查。另外，还需要改善饮食，注意体重问题，适当运动、戒烟、戒酒等，来全面提升身体素质，让身体达到一个良好的备孕状态。备孕女性应在孕前注重多种营养素的摄入，一旦受孕即可充分满足胚胎发育对多种营养素的需求。当然，备育男性同样也要做好身体准备。

调理亚健康，"好孕"自然到

许多年轻人尤其是白领们身体处于亚健康状态，这不仅对身体健康不利，还会影响孕育宝宝。因为处于亚健康状态的人，在精神状态、身体素质等方面会呈现出疲态，而心理负担过重、身体素质下降都将直接影响生育。处于亚健康状态的育龄夫妻身体素质也会下降。长期处于亚健康状态的女性，卵巢促生卵细胞的功能会大大降低，严重者会出现内分泌紊乱现象。长期处于亚健康状态的男性，精子活性下降，精子数量也会减少，给孕育造成困难。

多种手段联合清肠排毒

孕前排毒已成为夫妻双方备孕中的一项任务，因为在生活中积聚的毒素会引起诸如便秘、痤疮等问题，影响"好孕"。

运动是排毒最基本、最有效的方法。通过运动，皮肤上的汗腺和皮脂腺能够分泌汗液，排出其他器官无法排除的毒素。打算怀孕前，夫妻双方一定要养成经常运动的好习惯，坚持一周三次以上运动让身体出汗。两个人也可以共同制订运动计划，一起运动，互相鼓励。

某些食物有帮助人体排出体内毒素的作用。同时在生活习惯上，一定要坚持戒烟戒酒戒甜食，适当饮用些苦味的茶或吃些蔬菜是很有好处的。

保持乐观心态

夫妻在孕前、孕后保持轻松愉快的心情，家庭充满幸福、安宁和温馨，有利于胎宝宝健康成长。胎宝宝的健康与父母孕前的精神健康有着密不可分的关系。夫妻乐观的心态、健康的心理对未来宝宝的成长大有助益。所以，夫妻双方在开始备孕时，需要努力调整自己的情绪，以一种积极乐观的心态面对未来，让希望充满生活的每一天。为怀孕做好心理准备，能够给宝宝一个最佳的人生开端。

科学备孕是夫妻双方的事

积极备孕，对于夫妻双方成功孕育一个健康的宝宝很有帮助。夫妻二人做好孕前优生优育检查是非常必要的，先给身体做个全面的检查，排除不利因素，才能孕育健康的宝宝。备孕的另一个重要注意事项是要保持心情舒畅和家庭氛围和谐。怀孕的难易还是有个体差异的，这也需要夫妻双方互相理解。备孕过程中，夫妻双方需要注意调整生活习惯、加强身体锻炼和保持营养均衡，不乱服用药物。生活作息规律，早睡早起，可增强免疫力，有利于身体达到最佳的状态。

清肠排毒食物推荐

准备怀孕最重要的是保证自己身体的健康，排毒清体，想要帮助身体排毒、提升肠动力，最简单就是从"健康饮食"做起。因此，备孕中的夫妻应多吃一些具有清肠排毒作用的食物。

菠菜

菠菜含有大量的膳食纤维，具有促进肠道蠕动的作用，利于排便。菠菜中丰富的铁，对缺铁性贫血有较好的辅助治疗作用。菠菜中所含微量元素物质，能促进人体新陈代谢，增进身体健康。

糙米

糙米是清洁大肠的"清道夫"，糙米经过肠道时会吸附肠内毒素，最后将毒素从肠道内排除。糙米可以促进肠胃蠕动，强化神经系统传导功能，预防早衰及肥胖，其含有的膳食纤维，可预防便秘，加快新陈代谢并排毒，是非常健康的排毒食物。

糙米粉

糙米是一种谷物，具有促进消化吸收的作用，把糙米磨成糙米粉，其功效更好。

性甘味凉，能养血、止血

铁2.9毫克[1]

氨基酸的组成比较完全

钙13毫克

注①：每100克食物营养素含量（全书同）。

苹果

苹果含有膳食纤维，利于肠胃蠕动，有助于排毒。苹果酸可代谢体内热量，防止下半身肥胖；果胶还能促进胃肠道中的铅、汞、锰的排出。

鲜苹果含水量85%

丰富的钾有助于体内多余盐分的代谢

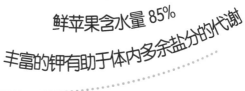

木耳

木耳所含的植物胶质有较强的吸附力，可吸附残留在人体消化系统内的杂质，清洁血液。

海带

海带含褐藻胶、海藻酸等物质，可以降压降脂。海带中的活性物质可以将毒素排出体外。

膳食纤维29.9克

这些毒素要清空

体内废气
典型表现： 经常腹胀，而且放屁很臭。
食物解决方案： 红薯、酸奶（富含乳酸菌）。

宿便
典型表现： 天天排便仍有残便感，或持续3天以上不排便。
食物解决方案： 富含膳食纤维的杂粮、水、豆类、海藻类、苹果、酸奶。

瘀血
典型表现： 身体疼痛，手脚冰凉，女性表现为痛经和月经不调。
食物解决方案： 生姜、胡萝卜、红花、杏、肉桂。

乳酸未充分代谢
典型表现： 身体沉重，肩膀和脖子酸痛，感到疲劳。
食物解决方案： 富含B族维生素的食物、醋、富含天冬氨酸的食物。

酒精摄入过多
典型表现： 面红耳赤，脸色苍白，心悸，头痛，目眩，恶心，呕吐。
食物解决方案： 水、柿子、贝类、芦荟、富含蛋白质的食物。

苹果玉米汤

玉米 膳食纤维 2.9 克
苹果 钾 119 毫克

原料： 苹果1个，玉米1根，鸡腿1个，生姜1块，盐适量。

做法：

1 鸡腿洗干净，把鸡腿放入加了生姜的冷水锅中一同煮到滚开，捞出。

2 苹果去核，切块；玉米切段。

3 把氽过水的鸡腿和玉米、苹果一同下入瓦煲。加上水，大火煮开，再转小火煲30分钟，出锅前加盐调味。

排毒功效： 玉米和苹果都含有丰富的膳食纤维，具有刺激胃肠蠕动、加速粪便排泄的特性。苹果含有较多的钾，能与人体过剩的钠盐结合，使之排出体外。

牛奶洋葱汤

洋葱 脂肪 200 毫克
牛奶 钙 104 毫克

原料： 鲜牛奶300毫升，洋葱1个，橄榄油、盐各适量。

做法：

1 洋葱去蒂、洗净、切丝，入油锅炒香，再加水，小火熬出洋葱的甜味。

2 待洋葱软烂后，加入鲜牛奶煮沸，加盐调味即可。

排毒功效： 洋葱含有类黄酮，有较强的利尿作用，而且洋葱和橄榄油都是健康食物，能改善人体多种系统功能，能将备孕夫妻的身体调节至最佳状态。

凉拌木耳

木耳 铁 97.4 毫克
木耳 钙 247 毫克

原料：木耳 20 克，蒜 3 瓣，白糖、醋、盐各适量。

做法：

1 将木耳用冷水泡发，变软后洗净；蒜切碎。

2 锅中倒入清水，煮开后放入木耳，焯烫后捞出，沥干。

3 起油锅，放入少量油，下蒜瓣爆香。将木耳放入大碗中，加香油、白糖、醋、盐，然后将炒好的调料倒入碗中，一起拌匀即可。

排毒功效：木耳具有清洁血液、解毒、增强免疫机能和抑制癌细胞的作用，经常食用可以有效地清除肠道内的垃圾。

芝麻拌菠菜

菠菜 胡萝卜素 2920 微克
黑芝麻 钙 780 毫克

原料：菠菜 300 克，黑芝麻 1 大匙，盐、香油、醋、白糖各适量。

做法：

1 黑芝麻放入炒锅中炒香，火要小，稍有香味即可。

2 菠菜洗净切大段，锅中放入适量水和半匙盐，水沸腾后放入菠菜焯熟后放入凉水中，捞出沥干。最后用黑芝麻、盐、香油、醋和白糖将菠菜拌匀。

排毒功效：菠菜含有丰富的膳食纤维，进入肠道中能促进堆积毒素的分解，起到润肠通便的作用。

海带焖饭

海带 膳食纤维 900 毫克
大米 钙 11 毫克

原料： 大米 150 克，鲜海带 100 克，盐适量。

做法：

1 将大米淘洗干净；鲜海带洗净，切成小块。

2 锅中放入水和海带块，用大火烧开，煮 5 分钟，捞出沥干。

3 锅中放入大米、海带和盐，加水适量，搅拌均匀，然后将饭煮熟即可。

排毒功效： 海带含热量低，有助于备孕夫妻控制体重。

紫苋菜粥

紫苋菜 蛋白质 2.8 克
大米 硒 2.5 微克

原料： 紫苋菜 250 克，大米 100 克，香油、盐各适量。

做法：

1 将紫苋菜择洗干净，切成细丝。

2 将大米淘洗干净，放入锅内，加清水适量，置于火上，煮至粥成时，加入香油、紫苋菜和盐，再煮 5 分钟即可。

排毒功效： 紫苋菜有抗辐射、抗突变、抗氧化的作用，这与其富含硒有关。硒是一种重要的微量元素，能提高人体抗辐射的能力。

番茄炒鸡蛋

番茄 锌 0.13 毫克
鸡蛋 蛋白质 13.3 克

原料： 番茄、鸡蛋各1个，白糖、盐各适量。

做法：

1 把番茄洗净，去蒂，切块。

2 鸡蛋打散，加少许盐搅匀。

3 锅中放油烧热，先将蛋液倒入，炒散，盛出。再放少许油，倒入番茄翻炒几下，再放入炒好的鸡蛋，出锅前将白糖、盐放入，再翻炒几下即可。

排毒功效： 番茄中含有丰富的番茄红素，具有较强的清除自由基的能力，对增强男性生育能力很有帮助，还有抗辐射、提高免疫力的作用。

胡萝卜炒西蓝花

西蓝花 胡萝卜素 7210 毫克
菜花 膳食纤维 1.2 克

原料： 西蓝花、菜花各50克，胡萝卜40克，白糖、盐、水淀粉各适量。

做法：

1 将西蓝花、菜花洗净切成块；胡萝卜洗净切片。

2 锅内加水煮沸，放入西蓝花、菜花、胡萝卜略煮。

3 锅中放油烧热，放入焯好的菜翻炒，加盐、白糖及水，烧开后用水淀粉勾芡即可。

排毒功效： 西蓝花和菜花都属于十字花科家族，这类蔬菜都含有多种维生素和抗氧化物质。抗氧化物质能帮助人体，加快自身的排毒过程。

荞麦山楂饼

山楂 钙 52 毫克
荞麦 铁 6.2 毫克

原料：荞麦面 500 克，山楂 200 克，陈皮、石榴皮、乌梅、白糖各适量。

做法：

1 陈皮、石榴皮、乌梅放入锅中，加水、白糖，煎煮半小时后滤渣留汁，晾凉。

2 山楂洗净，煮熟，去核，碾成泥，备用。

3 荞麦面加陈皮乌梅汁和成面团，将山楂泥揉入面团中，做成一个个圆饼。圆饼下油锅煎熟即可。

排毒功效：荞麦中所含丰富的膳食纤维，有助于人体对碳水化合物的吸收和清洁肠道。

绿豆薏米粥

绿豆 蛋白质 21.6 克
薏米 膳食纤维 2 克

原料：绿豆、薏米、大米各 20 克。

做法：

1 薏米、绿豆浸泡 2 小时。

2 将绿豆、薏米、大米放入锅中加水煮，水开后小火熬煮至熟即可。

排毒功效：绿豆中的绿豆蛋白、鞣质和黄酮类化合物可与汞、砷、铅结合形成沉淀物，不易被胃肠道吸收，使之减少或失去毒性，以降低对身体的侵害。

蒜蓉空心菜

空心菜 钙99毫克
蒜 膳食纤维1.1克

原料：空心菜250克，蒜末、盐、香油各适量。

做法：

1 空心菜洗净，切段，焯烫熟，捞出沥干。

2 蒜末、盐与少量水调匀后，再浇入香油，调成味汁；将调味汁和焯好的空心菜拌匀即可。

排毒功效：空心菜中的膳食纤维含量丰富，能帮助备孕夫妻轻松清肠排毒，同时对防治便秘有积极的作用。

猪血菠菜汤

猪血 蛋白质12.2克
豆腐 膳食纤维0.4克

原料：豆腐100克，猪血、菠菜各200克，虾皮、盐各适量。

做法：

1 猪血、豆腐切成小块；菠菜洗净，切段。

2 锅中倒入适量水烧开，先加入少量的虾皮，再加入豆腐、菠菜、猪血，煮3分钟，最后加盐即可。

排毒功效：猪血中的血浆蛋白被消化酶分解后，可产生一种解毒和润肠的物质，能与侵入人体的粉尘和金属微粒结合，成为人体不易吸收的物质，直接排出体外，有除尘、清肠、通便的作用。

草莓鲜果沙拉

草莓 维生素C 47 毫克
苹果 脂肪 0.2 克

燕麦南瓜粥

燕麦 膳食纤维 5.3 克
南瓜 维生素 A 20 微克

原料： 草莓300克，苹果1个，香蕉1根，酸奶1杯，蜂蜜适量。

做法：

1 将草莓、苹果洗净切块，香蕉切成小段。

2 与酸奶混合，加入适量蜂蜜，拌匀即可。

排毒功效： 草莓中含有大量的维生素C、维生素E以及多酚类抗氧化物质，可以抵御高强度的辐射，减缓紫外线辐射对皮肤造成的损伤。

原料： 燕麦、大米各30克，南瓜50克。

做法：

1 南瓜洗净削皮，去瓤，切成小块；大米洗净，浸泡30分钟。

2 将大米放入锅中，加适量水，大火煮沸后转小火煮20分钟，放入燕麦、南瓜块煮熟即可。

排毒功效： 燕麦中的膳食纤维和南瓜中的果胶，有润肠、助消化吸收的功效，有利于胃肠道的健康。

鲜虾芦笋

虾 蛋白质 18.6 克
芦笋 膳食纤维 1.9 克

原料： 鲜虾 10 只，芦笋 300 克，高汤 50 毫升，姜片、盐、蚝油各适量。

做法：

1 鲜虾去壳、去虾线，洗净后沥干，用盐拌匀；芦笋洗净，切长条，焯烫至熟，捞出沥干。

2 油锅烧热，放入虾仁炸熟，捞起沥油。

3 用锅中余油爆香姜片，加入虾仁、高汤、蚝油、盐拌炒匀，浇在芦笋上即可。

排毒功效： 这道菜色泽一红一绿，其中芦笋含丰富的叶酸和膳食纤维，鲜虾含有丰富的蛋白质，让备孕夫妻吃得健康美味有营养。

肉末炒菠菜

菠菜 维生素 A 487 微克
瘦肉末 蛋白质 20.2 克

原料： 瘦肉末 50 克，菠菜 200 克，盐、白糖、香油、水淀粉各适量。

做法：

1 菠菜洗净切段；入沸水焯熟，捞起沥干水。

2 油锅烧热，放瘦肉末、菠菜段翻炒均匀，调入盐和白糖，炒匀，用水淀粉勾芡，淋上香油即可。

排毒功效： 菠菜富含叶酸、铁，同时含有膳食纤维，不仅能为备孕夫妻提供所需要的营养素，还可以排毒瘦身。

生姜橘皮饮

橘子 维生素C 28 毫克
姜 钾 160 毫克

原料：生姜、橘皮各 10 克，红糖适量。

做法：

1 把生姜、橘皮分别洗净，切丝。

2 生姜丝、橘皮中加红糖调味，搅拌均匀。

3 加水煮成糖水，当作茶饮。

排毒功效：生姜能温胃散寒和排除湿气，让胃及全身暖暖的，早餐或作为上午茶喝，可以帮助去除体内寒气。

花豆黑米粥

黑米 膳食纤维 3.9 克
花豆 钙 38 毫克

原料：黑米 50 克，花豆 30 克。

做法：

1 将黑米、花豆分别洗净。

2 锅内放水、黑米和花豆，先大火煮开后，再改小火煮至粥熟即可。

排毒功效：黑米富含钙、铁、锌、硒等多种矿物质，可以满足备孕夫妻对矿物质的需要。此外，常食黑米，有利于防治头昏、目眩、贫血、便秘、食欲缺乏、脾胃虚弱等症状。

肉丝炒芹菜

芹菜 维生素C 12 毫克
猪瘦肉 钙 6 毫克

原料： 猪瘦肉50克，芹菜200克，酱油、水淀粉、料酒、葱、姜、盐各适量。

做法：

1 猪瘦肉切丝，用酱油、水淀粉、料酒腌制。

2 葱、姜切末；芹菜切段，焯烫。

3 油锅烧热，先放入葱末、姜末煸炒，再放入猪瘦肉丝快炒。另起锅，放芹菜段快炒，然后放入猪肉丝同炒，加盐调味即可。

排毒功效： 芹菜中钙、铁的含量丰富，有益气补血、强筋健骨的功效，与猪肉搭配，营养更均衡，让备孕女性拥有好气色。

西蓝花烧双菇

西蓝花 钙 67 毫克
杏鲍菇 锌 0.66 毫克

原料： 西蓝花100克，杏鲍菇、香菇各5朵，盐、蚝油、白糖、水淀粉各适量。

做法：

1 西蓝花洗净，掰成小朵；杏鲍菇、香菇洗净，切成片。

2 锅烧热后放蚝油，再放入西蓝花、杏鲍菇、香菇翻炒，炒熟后放入盐、白糖调味。

3 出锅前，用水淀粉勾芡即可。

排毒功效： 西蓝花中含有维生素C和胡萝卜素，有助于保持皮肤弹性；菌类食物能增强人体的免疫能力，增强备孕夫妻抵抗力。

花生红薯汤

红薯 碳水化合物 24.7 克
牛奶 蛋白质 3 克

原料：红薯1个，鲜牛奶1杯，花生仁、红枣各适量。

做法：

1 花生仁、红枣洗净，用水浸泡 30 分钟；红薯洗净，去皮，切块。

2 锅中放入花生仁、红薯块、红枣，加水没过 2 厘米。

3 小火烧至红薯变软，关火。

4 盛出煮好的汤，倒入鲜牛奶即可。

排毒功效：常吃红薯能帮助降低体内胆固醇含量，防止体内毒素沉积，预防动脉粥样硬化，是女性备孕期间瘦身减重比较理想的食物。

银耳羹

银耳 不溶性纤维 30.4 克
樱桃 胡萝卜素 210 微克

原料：银耳 50 克，樱桃、草莓、核桃仁、冰糖、淀粉各适量。

做法：

1 将银耳泡发后洗净，撕小朵；樱桃、草莓分别洗净。

2 银耳加水用大火烧开，转小火煮 30 分钟，放入冰糖、淀粉，稍煮片刻。

3 放入樱桃、草莓、核桃仁，煮开晾凉即可。

排毒功效：银耳能提高肝脏解毒能力，有保肝的作用；银耳中的膳食纤维可助胃肠蠕动，从而起到瘦身的效果。银耳富有天然植物性胶质，加上它的滋阴作用，女性长期服用可以润肤。

蒜蓉茼蒿

茼蒿 钙73毫克
蒜 钾302毫克

原料：茼蒿200克，蒜末、盐各适量。

做法：

1 茼蒿洗净切段。

2 油锅烧热，放入蒜末煸香，倒入茼蒿炒至变色。

3 出锅前加盐调味即可。

排毒功效：茼蒿中含特殊香味的挥发油，可消食开胃，并且含有丰富的膳食纤维，可以促进肠道蠕动，帮助人体及时排出毒素。

苦瓜煎蛋

苦瓜 维生素C56毫克
鸡蛋 钙56毫克

原料：苦瓜150克，鸡蛋2个，盐适量。

做法：

1 苦瓜洗净，切成薄片，用盐水焯一下，捞出沥干，留几片待用，其余的切成碎丁。

2 鸡蛋加盐打散，放入苦瓜碎丁，搅拌均匀。

3 油锅烧热，倒入苦瓜蛋液，小火煎至两面金黄关火，用铲切成小块，放上预留的苦瓜片点缀即可。

排毒功效：苦瓜煎蛋可以消暑热、降火气，对常见的上火症状如长痘、口腔溃疡有很好的食疗作用，能帮助身体有效排毒。

燕麦糙米糊

糙米 磷 110 毫克
黑芝麻 蛋白质 19.1 克

原料： 燕麦 40 克，糙米 30 克，黑芝麻粉 20 克，红枣 15 克，枸杞子、冰糖各适量。

做法：

1 糙米淘洗干净，浸泡 10 小时。枸杞子、燕麦分别洗净；红枣洗净，去核。

2 除冰糖外的所有食材倒入豆浆机中，加水至上下水位线之间，启动程序。倒出，加冰糖即可。

排毒功效： 燕麦具有很高的营养价值和很好的美容效果，能增加皮肤活性、延缓衰老、减少皱纹和色斑等毒素沉积症状的形成。

凉拌海蜇

海蜇皮 钙 150 毫克
香油 维生素 E 68.53 毫克

原料： 海蜇皮 300 克，醋、香油、盐各适量。

做法：

1 海蜇皮洗净，切丝，用清水浸泡 2 小时。

2 用五六成热的热水将海蜇丝焯一下，捞出晾凉。

3 海蜇丝挤干水分，放在盘里。

4 将醋、香油、盐放入碗中，调匀，浇在海蜇丝上面即可。

排毒功效： 海蜇具有高碘、高蛋白、低脂肪、低热量的特点，有利于瘦身。经常喝酒的男性多吃些，可减轻酒精对身体的损害。

鲜蘑炒豌豆

口蘑 蛋白质 38.7 克
豌豆 膳食纤维 10.4 克

原料: 口蘑 100 克,豌豆 200 克,高汤、水淀粉、盐各适量。

做法:

1 口蘑洗净,切成丁;豌豆洗净。

2 油锅烧热,放入口蘑丁和豌豆翻炒。

3 加适量高汤煮熟,用水淀粉勾薄芡,加盐调味即可。

排毒功效: 豌豆富含蛋白质、碳水化合物、钙、磷、铁和维生素 B_1、维生素 B_2,清爽的口味会让人食欲大开。

排骨玉米汤

排骨 蛋白质 16.7 克
玉米 钾 238 毫克

原料: 排骨 500 克,玉米 1 根,胡萝卜 100 克,盐适量。

做法:

1 排骨洗净,用热水汆烫,捞出沥干;玉米、胡萝卜洗净,切段备用。

2 排骨、玉米段放入锅中,加入适量清水,调入盐,煮沸后改中火煮 5 分钟。

3 盛入砂锅中,加入胡萝卜段,以小火焖 2 小时即可。

排毒功效: 排骨搭配玉米香甜可口,清润滋补,滋阴养肺,玉米中的膳食纤维具有帮助人体加快排除毒素的作用。

香蕉酸奶汁

香蕉 维生素A /0 微克
酸奶 蛋白质 2.5 克

原料：香蕉1根，酸奶200毫升。

做法：

1 香蕉去皮，切成小块。

2 将香蕉块、酸奶放入榨汁机中，加水至上下水位线之间，榨汁即可。

排毒功效：香蕉具有清热润肠的功效，能促进肠胃蠕动；酸奶中的乳酸菌能提高肠胃菌群的活跃度，缩短排泄物在结肠内的停留时间，预防毒素沉积。

山楂冰糖茶

山楂 膳食纤维 3.1 克
绿茶 钙 325 毫克

原料：山楂30克，绿茶5克，冰糖适量。

做法：

1 山楂洗净切片，冰糖捣碎。

2 砂锅内加适量水，放入山楂片。

3 煎煮10~15分钟后，放入绿茶，稍煮片刻，滤去绿茶茶叶，再调入冰糖即可。

排毒功效：山楂是降压降脂、健脾开胃、消食化滞、活血化瘀的良药，能排出体内的毒素，净化血液。

白菜炖豆腐

白菜 维生素A 20 微克
豆腐 蛋白质 8.1 克

原料：白菜、豆腐各 200 克，葱段、姜片、蒜片、盐、白胡椒粉、枸杞子各适量。

做法：

1 白菜洗净，切片；豆腐洗净，切块。

2 油锅烧热，放葱段、姜片、蒜片炒香，加适量水，放豆腐块、白菜片、枸杞子，炖至熟透。

3 加入盐、白胡椒粉调味即可。

排毒功效：白菜富含膳食纤维可清肠排毒，与豆腐搭配能弥补所含蛋白质不足的问题。

白萝卜炖羊肉

白萝卜 脂肪 100 毫克
羊肉 蛋白质 19 克

原料：白萝卜 500 克，羊肉 250 克，葱段、姜片、八角、料酒、盐、香菜段各适量。

做法：

1 将羊肉洗净，切块；白萝卜洗净，去皮，切块。

2 油锅烧热，加葱段、姜片翻炒，放羊肉块继续翻炒。加适量水，大火烧开，加料酒后用小火慢炖。

3 羊肉块六成熟时加白萝卜块炖至食材烂熟，加盐调味，撒上香菜段即可。

排毒功效：白萝卜有通气、润燥的作用。还含有丰富的芥子油成分，能够增强食欲。

葡萄姜茶

葡萄 脂肪 0.2 克
姜 钙 9 毫克

原料： 葡萄 200 克，生姜汁 30 毫升，蜂蜜适量。

做法：

1 将葡萄洗净、去皮、去子，榨成汁。

2 与生姜汁、蜂蜜一起搅拌均匀即可。

排毒功效： 食用生姜后，人体会有发热的感觉，这是因为它能使血管扩张，血液循环加快，促使身上的毛孔张开，把体内的部分代谢产物、寒气一同随汗液带出。加入了葡萄汁后，此茶口感会温和一些。

糖醋胡萝卜

胡萝卜 脂肪 0.2 克
黑芝麻 膳食纤维 14 克

原料： 胡萝卜 1 根，白糖、醋、盐、香油、熟黑芝麻各适量。

做法：

1 将胡萝卜去根，洗净，用刀刮去皮，切丝。

2 将胡萝卜丝放小盆内，撒上盐拌匀。

3 把盐渍的胡萝卜丝用清水洗净，沥干水，放入碗内，加入白糖、醋、香油拌匀放入盘内，撒上熟黑芝麻即可。

排毒功效： 胡萝卜中的胡萝卜素在人体内转变成维生素 A，维生素 A 有利于增强机体的免疫功能。

五仁大米粥

杏仁 蛋白质 22.5克
黑芝麻 维生素E 50.4 毫克

原料： 大米100克，黑芝麻、核桃仁、杏仁、花生、葵花子仁、冰糖各适量。

做法：

1 黑芝麻、核桃仁、杏仁、花生、葵花子仁混合后碾碎；大米洗净。

2 大米煮成稀粥，加入冰糖，待其溶化后起锅，将五仁碎屑撒在粥上即可。

排毒功效： 坚果润肠通便，可以帮助排出体内多余的废物，起到治疗便秘的作用。而且这么丰富的食材一起煮粥，营养非常全面。

韭菜炒鸡蛋

鸡蛋 维生素A 234 微克
韭菜 胡萝卜素 1.4 毫克

原料： 鸡蛋2个，韭菜300克，盐适量。

做法：

1 韭菜洗净，切小段。

2 鸡蛋磕入碗中，打散。

3 油锅烧热，倒入鸡蛋液，炒至成形时，倒入韭菜翻炒均匀。出锅前加盐调味即可。

排毒功效： 韭菜富含膳食纤维，能促进排便，是预防便秘的好选择。韭菜与鸡蛋搭配可补充氨基酸和矿物质，营养丰富。

南瓜杂粮饭

南瓜 脂肪 0.1 克
糯米 蛋白质 7.3 克

原料： 小南瓜 1 个，糯米 50 克，燕麦、薏米各 20 克，葡萄干、蜂蜜各适量。

做法：

1 糯米、燕麦、薏米分别洗净泡水；小南瓜洗净，切去顶部，挖去瓜瓤，去皮，切丁。

2 将糯米、薏米、燕麦、南瓜丁、葡萄干拌匀，放入蒸锅大火蒸约 40 分钟，食用时淋上蜂蜜即可。

排毒功效： 糯米养胃，南瓜绵软适口，两者搭配对肠胃有保护作用。南瓜中富含的果胶，可以延缓肠道对糖和脂质的吸收，还可以清除体内重金属，适合备孕夫妻食用。

胡萝卜小米粥

小米 蛋白质 9 克
胡萝卜 维生素 A 668 微克

原料： 小米 50 克，胡萝卜半根。

做法：

1 将小米淘洗干净；胡萝卜洗净，切丁。

2 将小米和胡萝卜丁放入锅中，加适量水，大火煮沸，转小火煮至胡萝卜丁绵软即可。

排毒功效： 胡萝卜中的维生素 A 能够协助肝脏排除体内毒素，减少肝脏中的脂肪；胡萝卜中的膳食纤维能帮助清理结肠中的垃圾，并加速将其排出体外。

猪肝拌菠菜

猪肝 蛋白质 19.3 克
菠菜 钙 66 毫克

原料：猪肝 100 克，菠菜 200 克，香菜碎、香油、盐、醋各适量。

做法：

1 猪肝洗净，煮熟，切成薄片；菠菜洗净，焯烫，切段。

2 用盐、醋、香油兑成调味汁。

3 菠菜段放在盘内，放入猪肝片、香菜碎，倒上调味汁拌匀即可。

排毒功效：猪肝拌菠菜富含膳食纤维、维生素和铁，能排出肠道中的有毒物质。这道菜还有补血的功效，备孕夫妻每周可以吃两次。

海米炒洋葱

海米 钙 555 毫克
洋葱 维生素 C 8 毫克

原料：海米 10 克，洋葱 1 个，姜丝、葱花、盐、酱油、料酒、香油各适量。

做法：

1 洋葱去皮、洗净，切成丝；海米洗净，沥干水分。

2 将料酒、酱油、盐、姜丝、香油放入碗中调成汁。

3 油锅烧热后，加入洋葱丝、海米翻炒，并烹入调味汁炒至洋葱绵软，出锅装盘并撒上葱花即可。

排毒功效：洋葱富含膳食纤维，增加饱腹感和促进排便。此外，胃胀气时吃点洋葱还有助于排气。

香菇油菜

油菜 脂肪 0.5 克
干香菇 膳食纤维 31.6 克

原料：油菜 250 克，干香菇 6 朵，酱油、盐各适量。

做法：

1 油菜择洗干净切段；干香菇泡发后洗净。

2 油锅烧热，先放香菇，炒至六七成熟，加入油菜段，烧至菜梗软烂，加入酱油、盐调味即可。

排毒功效：香菇油菜中的维生素 C 和膳食纤维可以软化血管，可以预防和缓解心脑血管疾病。

花生红豆汤

红豆 蛋白质 20.2 克
花生 蛋白质 24.8 克

原料：红豆 50 克，花生仁 20 克，糖桂花适量。

做法：

1 红豆与花生仁清洗干净，并用清水泡 2 小时。

2 将泡好的红豆与花生仁加清水一并放入锅内，用大火煮沸。

3 煮沸后改用小火煲 1 小时，出锅时将糖桂花放入即可。

排毒功效：花生红豆汤有消肿利尿的作用，同时还能为身体补血，特别适合备孕女性食用。

薏米老鸭汤

薏米老鸭汤

鸭子 蛋白质 15.5 克
薏米 钙 42 毫克

原料： 老鸭半只，薏米 20 克，姜片、盐各适量。

做法：

1 老鸭洗净，切块，在沸水中氽后捞出；薏米洗净。

2 锅中加入适量水，放入鸭块、薏米、姜片，大火烧开后改小火炖煮。

3 待鸭肉烂熟时加盐调味即可。

排毒功效： 薏米老鸭汤利水消肿，特别适合水肿患者食用。现代人饮食过于丰盛，重厚味，形体肥胖，血脂较高，而薏米既可利湿化痰，又能降低体内胆固醇含量。

香菇烧冬瓜

香菇 脂肪 0.3 克
冬瓜 脂肪 0.2 克

原料： 香菇 100 克，冬瓜 300 克，水淀粉、姜片、葱段、酱油、盐、白糖各适量。

做法：

1 冬瓜去皮，切成片；香菇去蒂，洗净，切片，用开水焯熟。

2 油锅烧热后放入姜片、葱段煸炒，放入冬瓜片，翻炒片刻，加适量水、酱油。

3 放入香菇片略炒，然后加盐、白糖，用水淀粉勾芡即可。

排毒功效： 冬瓜水分多、热量低，对防止人体发胖有很好的作用。

炒合菜

黄豆芽 蛋白质 4.5 克
韭菜 维生素A 235 微克

原料: 黄豆芽、韭菜、熏豆干、猪肉各 50 克, 鸡蛋 2 个, 葱段、姜片、盐、酱油各适量。

做法:

1 将择洗干净的韭菜切成 2 厘米的段; 粉丝泡发; 熏豆干和猪肉切丝; 鸡蛋炒熟后备用。

2 油锅烧热, 放入葱段、姜片炝锅, 先放入肉丝炒至七成熟, 然后依次放入熏豆干、韭菜、黄豆芽, 将熟时放入炒好的鸡蛋同炒至熟, 加入盐、酱油调味即可。

排毒功效: 多种食材的搭配不仅美味, 还可以清热利尿、润肠通便。

西蓝花炒虾仁

西蓝花 维生素A 1.2 毫克
虾仁 钙 62 毫克

原料: 西蓝花 250 克, 虾仁 150 克, 盐、红椒片、蒜末、水淀粉各适量。

做法:

1 虾仁挑去虾线, 洗净; 西蓝花掰小朵, 用盐水泡 10 分钟后捞出。

2 锅中烧开水, 放西蓝花焯烫 2 分钟后捞出。

3 油锅烧热, 加蒜末爆香, 倒入虾仁煸炒至虾仁变色后, 加西蓝花和红椒片一同煸炒至熟, 最后加盐, 用水淀粉勾薄芡即可。

排毒功效: 西蓝花中富含吲哚, 有助于清除体内毒素, 从而减小肾脏负担。

黄瓜芹菜汁

芹菜 脂肪 0.1 克
黄瓜 钙 24 毫克

原料： 芹菜 100 克，黄瓜 1 根。

做法：

1 黄瓜洗净，切段；芹菜去根，洗净，切段。

2 将食材放入榨汁机中，加适量温开水，榨汁即可。

排毒功效： 黄瓜和芹菜的热量都很低，榨汁同食可以降脂降压、瘦身减肥，适合有肥胖症和高血压的备孕夫妻食用。

丝瓜炖豆腐

丝瓜 脂肪 0.2 克
豆腐 钙 164 毫克

原料： 丝瓜 100 克，豆腐 250 克，葱花、盐、香油各适量。

做法：

1 丝瓜洗净，去皮，切块；豆腐洗净，切块。

2 锅中加入适量清水，煮开后加入丝瓜块和豆腐块。

3 煮熟时加盐、香油调味，最后撒上葱花即可。

排毒功效： 丝瓜中含防止皮肤老化的B族维生素，增白皮肤的维生素 C 等成分，能保护皮肤、消除斑块。

牛奶麦片

牛奶 硒 1.94 微克
鸡蛋 磷 130 毫克

原料：鲜牛奶 250 毫升，麦片 50 克，鸡蛋 1 个，枸杞子适量。

做法：

1 鸡蛋放入冷水锅中，小火煮开，继续煮 5 分钟，关火，焖 10 分钟，捞出，剥去蛋壳，切碎。

2 麦片放入碗中；鲜牛奶倒入奶锅中加热至 80℃ 左右，倒入麦片碗中。

3 撒上枸杞子，泡 5~8 分钟，放入鸡蛋碎即可。

排毒功效：在晚上睡觉之前喝一杯牛奶，可以提升睡眠的质量，同时也可以起到很好的补钙作用。

西米猕猴桃糖水

猕猴桃 胡萝卜素 130 微克
枸杞子 蛋白质 13.9 克

原料：西米 100 克，猕猴桃 2 个，枸杞子、白糖各适量。

做法：

1 将西米洗净，用清水泡 2 小时；猕猴桃去皮切成粒；枸杞子洗净。

2 锅里放适量水烧开，放西米煮 15 分钟，加猕猴桃、枸杞子、白糖，用小火煮透即可。

排毒功效：猕猴桃是非常好的瘦身水果，因为其虽然营养丰富但热量很低，其含有的膳食纤维不但能够促进消化吸收，还可以令人产生饱腹感。

黑芝麻饭团

米饭 蛋白质 2.6 克
黑芝麻 硒 4.7 微克

原料： 米饭 300 克，黑芝麻、白醋、盐、白糖各适量。

做法：

1 将白醋、盐、白糖混合拌匀，加入煮好的米饭中再次拌匀，晾凉。

2 锅置火上，下黑芝麻炒香。

3 将米饭握成比拳头小一些的饭团。最后将饭团表面裹上炒好的黑芝麻即可。

排毒功效： 吸烟会导致人体血液中的硒含量偏低，吸烟者宜常补充含硒丰富的食物，黑芝麻就是不错的选择，尤其是有吸烟史的备育男性应该多补充一些。

芹菜香干炒肉丝

芹菜 钙 48 毫克
豆腐干 蛋白质 16.2 克

原料： 芹菜、猪肉丝各 200 克，豆腐干 100 克，酱油、盐、料酒、葱段、姜末各适量。

做法：

1 芹菜去根，择去老叶，洗净，切段；豆腐干洗净，切条。

2 油锅烧热，下葱段、姜末炒香，再下猪肉丝，加料酒、酱油翻炒。

3 下豆腐干条、芹菜段炒熟，加盐调味即可。

排毒功效： 芹菜具有利尿的作用，可以排除体内潴留的水分。芹菜还可以降血压，减少脂肪吸收。

荞麦凉面

荞麦 蛋白质 9.3 克
海带 脂肪 0.1 克

原料：荞麦面条 100 克，熟海带 50 克，酱油、醋、盐、白糖、熟白芝麻各适量。

做法：

1 熟海带洗净，切丝；荞麦面条煮熟过凉开水，沥去多余水分。

2 碗中放入适量水、酱油、醋、白糖和盐，搅拌均匀，倒在荞麦面上。撒上海带丝、熟白芝麻即可。

排毒功效：荞麦含蛋白质高、热量低，而且荞麦中所含膳食纤维丰富，经常食用有助于保持大便通畅。备孕夫妻可以适当吃些荞麦，换换主食口味，也让瘦身排毒更轻松。

豆腐干炒圆白菜

豆腐干 钙 308 毫克
圆白菜 脂肪 0.2 克

原料：豆腐干 200 克，圆白菜 250 克，姜末、盐、酱油各适量。

做法：

1 豆腐干洗净，切条；圆白菜洗净，切片。

2 油锅烧热，下圆白菜炒至变软，下豆腐干、姜末一起翻炒。加酱油、盐，炒至食材全熟即可

排毒功效：圆白菜中丰富的钾，可稀释血液，缓解高血压，其所含的丙醇二酸可以抑制体内的糖分转化为脂肪，从而减少脂肪的堆积。圆白菜与豆腐干搭配，可为人体补充优质蛋白质。

三丝木耳

木耳 蛋白质 12.1克
猪肉 磷 162 毫克

原料: 木耳20克,猪肉、甜椒各100克,葱末、盐、酱油、淀粉各适量。

做法:

1 木耳泡发,洗净,切成丝;甜椒洗净,去蒂,切成丝。

2 猪肉洗净切成丝,加入酱油、淀粉腌15分钟。

3 油锅烧热,用葱末炝锅,放入猪肉丝快速翻炒,再将木耳、甜椒一同放入炒熟,出锅前放盐调味即可。

排毒功效: 木耳中的膳食纤维可促进肠蠕动,有利于脂肪排出体外。

虾仁西葫芦

虾仁 磷 228 毫克
西葫芦 钙 15 毫克

原料: 西葫芦250克,虾仁20克,蒜蓉、盐、白糖、水淀粉各适量。

做法:

1 将虾仁洗净;西葫芦洗净,切片。

2 油锅烧热,加蒜蓉翻炒几下,加入西葫芦片继续翻炒。

3 西葫芦片快熟时加虾仁翻炒,加盐、白糖调味,最后用水淀粉勾薄芡即可。

排毒功效: 西葫芦含有丰富的膳食纤维,能够促进胃肠的蠕动,加快人体的新陈代谢。西葫芦与虾仁搭配,可补充蛋白质和矿物质,有助于补益身体,降低血脂。

西芹拌木耳

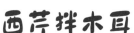

木耳 膳食纤维 29.9 克
枸杞子 膳食纤维 16.9 克

原料：木耳20克，西芹200克，枸杞子、蒜蓉、盐、白糖、香油各适量。

做法：

1 木耳用水泡发，洗净，撕成小朵；西芹洗净，切段。

2 将木耳和西芹段分别用水焯熟，沥干水分。

3 将木耳、西芹段、枸杞子、白糖、盐、蒜蓉、香油拌均匀装盘即可。

排毒功效：西芹拌木耳可以为身体补充膳食纤维，还能降血压、降血脂。西芹中的膳食纤维含量比芹菜中更丰富，可以促进肠胃蠕动利消化，利尿除湿。

蚝油生菜

生菜 蛋白质 1.4 克
生菜 脂肪 0.4 克

原料：生菜300克，蚝油、高汤、盐、白糖、料酒、蒜蓉各适量。

做法：

1 生菜剥片，用淡盐水浸泡一会，洗净。

2 油锅烧热，放入生菜翻炒断生，装入盘中。

3 锅内留底油，放入蒜蓉炒香，加料酒、蚝油、高汤、盐、白糖做成酱汁，浇在生菜上即可。

排毒功效：生菜中含有甘露醇等有效成分，有利尿和促进血液循环的作用，加快新陈代谢，利于体内毒素尽快排出，让身体更轻盈。

丝瓜炒金针菇

丝瓜 钙 14 毫克
金针菇 蛋白质 2.4 克

原料：丝瓜 200 克，金针菇 100 克，盐、水淀粉各适量。

做法：

1 丝瓜去皮，洗净，切条，用盐腌一下；金针菇洗净，切段，在开水中焯一下，沥干备用。

2 油锅烧热，放丝瓜条翻炒，再加入金针菇段同炒，加盐调味，最后用水淀粉勾芡即可。

排毒功效：金针菇对某些肿瘤有抑制作用，能降低胆固醇，并对某些重金属有解毒、排毒作用。金针菇富含膳食纤维，有助于肠胃和血液排毒，与丝瓜同食，排毒效果更强。

肉末炒豇豆

猪肉 蛋白质 13.2 克
豇豆 维生素 E 8.6 毫克

原料：猪肉末 100 克，豇豆 300 克，姜末、蒜蓉、料酒、酱油、白糖、盐各适量。

做法：

1 猪肉末中加料酒、酱油、白糖、盐搅匀；豇豆洗净，切段，焯水后捞出。

2 油锅烧热，倒入猪肉末翻炒，再加豇豆段、姜末、蒜蓉一起炒。

3 炒熟后加盐调味即可。

排毒功效：豇豆含有丰富的磷脂，可以有效促进胰岛素的分泌，与肉末同食还可补充蛋白质。

莴苣瘦肉粥

猪瘦肉 硒 5.25 微克
莴苣 胡萝卜素 150 微克

荚白炒鸡蛋

荚白 磷 36 毫克
鸡蛋 钾 154 毫克

原料：莴苣、猪瘦肉各 30 克，大米 50 克，盐适量。

做法：

1 莴苣洗净，切丝；猪瘦肉洗净，切末；大米淘洗干净。

2 将莴苣丝、猪肉末和大米放入锅中，加适量水熬煮。

3 煮至米烂汁黏时，加盐，再稍煮片刻即可。

排毒功效：经常心悸、失眠的备孕夫妻要多吃莴苣，因为莴苣富含钾，可消除紧张情绪，帮助睡眠。

原料：荚白 2 根，鸡蛋 2 个，盐适量。

做法：

1 荚白去皮，切成丝。鸡蛋加盐打散，搅拌均匀。

2 油锅烧热，倒入鸡蛋液，快速翻炒后备用。

3 油锅烧热，倒入荚白丝，炒至荚白断生后加入鸡蛋，出锅前加适量盐即可。

排毒功效：荚白既能利尿去水肿，又能清暑解烦，夏季食用尤为适宜。荚白热量低、水分高，食用后易有饱足感，是瘦身减重的理想食材。

苋菜糙米粥

苋菜 蛋白质 2.8 克
糙米 铁 2.3 毫克

原料： 苋菜 20 克，糙米 50 克，盐适量。

做法：

1 苋菜洗净切碎；糙米洗净备用。

2 锅内放入适量清水和糙米，煮成粥。

3 加入苋菜和适量盐，用大火煮开即可。

排毒功效： 糙米中的膳食纤维和苋菜中的膳食纤维相互搭配，有助于增强饱腹感，控制体重。加入了苋菜的糙米粥口感更丰富。

柠檬荸荠水

柠檬 钙 101 毫克
荸荠 蛋白质 1.2 克

原料： 柠檬 1 个，荸荠 10 个。

做法：

1 柠檬洗净，切片。

2 荸荠洗净，去皮，切片。

3 锅中加适量水，放入柠檬片和荸荠片，煮 5~10 分钟即可。

排毒功效： 荸荠具有促进大肠蠕动、滑肠通便的作用，可以用来治疗便秘等症状。荸荠性寒味甘，具有清热生津、润肺化痰、消食开胃的作用。

胡萝卜炒豌豆

胡萝卜 胡萝卜素 4.0 毫克
豌豆 维生素 A 42 微克

原料： 胡萝卜 150 克，豌豆 200 克，姜片、盐各适量。

做法：

1 胡萝卜洗净，去皮，切丁；豌豆洗净。

2 将胡萝卜丁与豌豆在开水中焯一下，捞出沥干。

3 油锅烧热，放姜片爆香，加胡萝卜丁与豌豆，煸炒至熟，加盐调味即可。

排毒功效： 胡萝卜中的维生素 A 能够协助肝脏排除体内毒素。所含的膳食纤维还能帮助清理肠道中的垃圾，并加速将其排出体外。

茴香烘蛋

茴香 钙 154 毫克
鸡蛋 硒 14.34 微克

原料： 茴香 300 克，鸡蛋 2 个，生抽、糖、盐各适量。

做法：

1 茴香切碎，放入碗中。

2 打入鸡蛋，加生抽、白糖、盐和适量油搅拌均匀。

3 将搅拌均匀的茴香蛋液倒入平底锅中，小火煎至两面浅黄。盛出装盘，切成小块即可。

排毒功效： 茴香具有一种特殊的香气，可以刺激肠胃的神经和血管，具有健胃理气的功效。

玫瑰牛奶茶

牛奶 锌 0.42 毫克
枸杞子 钙 60 毫克

原料： 玫瑰 6 朵，牛奶 1 杯，葡萄干、枸杞子各适量。

做法：

1 将玫瑰花、葡萄干、枸杞子一同放入壶中，用开水冲泡。

2 5 分钟后，倒入牛奶，搅拌均匀即可。

排毒功效： 拥有好气色的同时，也要保持皮肤水润。这道玫瑰牛奶茶就有美容润肤的功效，可以随时饮用，尤其适合睡前饮用，可帮助睡眠。

黄瓜炒肉片

黄瓜 脂肪 0.2 克
木耳 胡萝卜素 100 微克

原料： 黄瓜 1 根，猪肉 100 克，木耳 15 克，盐、白胡椒粉、淀粉各适量。

做法：

1 黄瓜洗净，切片；木耳泡好，洗净，撕成小朵；猪肉洗净，切片，用盐、淀粉腌制片刻。

2 油锅烧热，下猪肉片翻炒，然后加入黄瓜片、木耳一起翻炒。

3 加盐、白胡椒粉调味，炒至食材全熟时出锅即可。

排毒功效： 黄瓜能有效地促进机体的新陈代谢，排出毒素。黄瓜与肉搭配，不仅有减肥瘦身的功效，还可以补充优质蛋白质和矿物质，营养更均衡。

丝瓜汤

丝瓜 磷 29 毫克
番茄 维生素 A 92 微克

原料： 丝瓜 300 克，番茄 1 个，葱段、姜丝、盐、料酒、高汤各适量。

做法：

1 丝瓜去皮，洗净，切薄片；番茄洗净，去皮，切块。

2 油锅烧热，将葱段、姜丝煸出香味，下入丝瓜片翻炒片刻，放入番茄块、盐、料酒和少许高汤，翻炒片刻即可。

排毒功效： 丝瓜和番茄都富含维生素 C，具有美容、清除自由基的作用，还可清理身体内长期累积的毒素、减少体内有害的物质等作用。

炒二冬

冬瓜 钙 19 毫克
冬菇 蛋白质 17.8 克

原料： 冬瓜 300 克，冬菇 100 克，葱、姜、黄酒、香油、鸡汤、水淀粉、盐各适量。

做法：

1 冬瓜洗净去皮、瓤，切成小块。

2 冬菇水发后切成薄片，放入沸水中焯一下；葱丝、姜丝备用。

3 油锅烧热，放入葱丝、姜丝煸炒出味，随即放入冬瓜块、冬菇片、黄酒、鸡汤、盐翻炒。用水淀粉勾芡，出锅前淋上香油即可。

排毒功效： 冬瓜本身不含脂肪，热量也不高，经常吃冬瓜，对于想减肥的备孕夫妻来说是十分有益的。

核桃杏仁茶

杏仁 维生素 C 26 毫克
黑芝麻 磷 516 毫克

原料： 杏仁、核桃仁各 100 克，牛奶 250 毫升，黑芝麻、冰糖各适量。

做法：

1 杏仁、核桃仁、黑芝麻与牛奶、冰糖一起放入搅拌机中打匀。

2 将打匀的杏仁核桃仁牛奶倒入碗中，放入沸水中隔水加热 5 分钟即可。

排毒功效： 适当的食用核桃对于润肠道缓解便秘有非常好的效果。此茶富含不饱和脂肪酸，能延缓皮肤衰老。

草莓蛋卷

鸡蛋 钠 131.5 毫克
柠檬 磷 2.2 毫克

原料： 草莓 5 个，鸡蛋 1 个，面粉、柠檬汁各适量。

做法：

1 将鸡蛋打散，加水、柠檬汁和面粉调成糊；草莓洗净，切粒。

2 油锅烧热，倒入面糊，摊成蛋饼，将蛋饼切条并卷成卷儿，草莓粒放在蛋饼卷上即可。

排毒功效： 草莓的热量很低、其中所含的营养成分容易被人体消化、吸收，而且草莓中含有的膳食纤维可以维持肠道健康。草莓中的果酸与鸡蛋中的优质蛋白搭配，能软化角质层，为皮肤补充蛋白质。

香椿苗核桃仁

香椿苗 钙 96 毫克
核桃仁 蛋白质 14.9 克

原料：香椿苗 250 克，核桃仁 50 克，香油、盐各适量。

做法：

1 香椿苗择好，洗净；核桃仁掰小块。

2 将香椿苗、核桃仁、盐一起拌匀，最后淋上香油即可。

排毒功效：此菜可健脾开胃，富含维生素 E，有抗衰老的作用，清爽的口味和营养的搭配，会提升备孕夫妻的食欲。

凉拌圆白菜

圆白菜 胡萝卜素 70 微克
圆白菜 磷 26 毫克

原料：圆白菜半个，黑芝麻、香油、盐各适量。

做法：

1 圆白菜洗净，撕成小片。

2 锅中加水，烧开后放入少许盐和圆白菜片，焯熟后盛入碗中。

3 加入盐、香油拌匀，撒上黑芝麻即可。

排毒功效：圆白菜中丰富的维生素 C 能缓和焦虑情绪，减轻压力。圆白菜短时间焯烫可以最大限度保留营养素。

木耳香菇粥

香菇 钙 2 毫克
木耳 磷 292 毫克

原料： 大米 50 克，木耳 20 克，香菇 30 克，盐适量。

做法：

1 大米洗净；木耳泡发，洗净，切碎；香菇洗净，切丁。

2 大米放入锅中，加适量水，大火煮开后改小火炖煮。

3 粥开始变黏稠时放入木耳碎和香菇丁继续炖煮。待食材全熟时加盐调味即可。

排毒功效： 木耳具有清洁血液、解毒、增强免疫机能和抑制癌细胞的作用。木耳香菇粥有健脾益胃、提振食欲、降脂降压、预防动脉硬化的作用。

陈皮海带粥

海带 钙 46 毫克
大米 磷 121 毫克

原料： 海带、大米各 50 克，陈皮、白糖各适量。

做法：

1 陈皮洗净，切成碎末；海带洗净，用水浸泡 2~4 小时，切丝。

2 大米淘洗干净，放入锅中，加适量水煮沸。

3 放入陈皮末、海带丝，不停地搅动，用小火煮至粥将熟，加白糖调味即可。

排毒功效： 海带中膳食纤维含量较高，可以促进有毒物质的排出，保持人体肠道的畅通。

第二章
增强免疫力

　　提到免疫力，人们首先想到的可能就是生病了，提高抵抗力才是避免生病的前提，尤其是夫妻双方在备孕期间，增强免疫力是非常重要的。为了胎宝宝的健康，孕前3~6个月，最好都不要接触药物，多补充维生素，增加营养，锻炼身体，增强体质以增加抵抗力。

健康备孕免疫力很重要

制订一个健身计划

美国国家医学图书馆一项报告显示，运动能够帮助"冲洗"肺部细菌，还能使白细胞流通更迅速，提高免疫系统疾病检测能力。日常活动和体育锻炼都能够增加人体肌肉量，维持营养状况。现代人工作压力大，在身体基础状况正常的情况下保证每周五天，每天 30~60 分钟的运动量即可，步行、骑车、打羽毛球、游泳、瑜伽等都是非常好的运动形式。

备孕时夫妻双方都需要将身体调整到最佳状态，而一个有效的健身计划能帮助你们尽快达到目标。适宜的运动不仅可以强健身体，还能帮助女性调节体内激素的平衡，增强免疫力，让受孕变得轻松起来。备孕夫妻可在备孕前 3 个月就制订好健身计划。

静心养神

中医有"药养不如食养，食养不如精养，精养不如神养"之说，所谓养神主要指精神调养。每个人都会有情绪，情绪的好坏也影响着身体的状态。一般情况下，安静和顺、神清气和、胸怀开阔、从容温和的状态是较为适宜的。心情愉快、性格开朗，不仅对

健康的心理有益，还能增强机体的免疫力，对新陈代谢也有利；若在孤独、忧郁、失落、自卑等消极心理影响下，久而久之生理上也会出现健康问题，这对即将受孕的女性是不适宜的。中医认为备孕夫妻双方的心理状况也影响受孕，受孕后也会因"外向内感"而影响胎儿发育。

运动是健康的法宝之一，经常参加各种文体娱乐活动，在空气清新的野外放松一下身心，或散步，或放风筝，或与朋友们打打球……都是忘却压力不错的选择。

以睡安神，古人有"不觅仙方觅睡方"之说，而睡得香也是世界卫生

组织的健康标准之一。但很多年轻人有晚睡的习惯，对于备孕夫妻来说，保证充足的睡眠是十分必要的，为了提高睡眠质量，要保持室内的幽静、室内温度和空气相对湿度要适宜，经常通风保持空气清新，床铺舒适等。

尽量减少出差和避免熬夜

很多女性从事如广告策划、新闻记者、销售、金融等职业，会经常加班熬夜或各地奔波出差：一体力消耗过多，使孕力削弱；二睡眠不足，既降低了免疫力，还可能影响激素的分泌和卵子的质量，成为受孕的一大绊脚石。所以备孕中的女性要调整作息，尽量减少或避免加班熬夜，劳逸结合，睡好觉，保存充足的孕力。

经常熬夜会扰乱身体的正常代谢规律，也会不同程度地影响激素的分泌，从而危害健康。有关专家对长期熬夜的人和坚持早睡早起的人进行对照研究，发现经常熬夜的人长期处于应激状态，一昼夜体内各种激素的分泌量较早睡早起的人要高，尤其是过多地分泌肾上腺素和去甲肾上腺素，使血管收缩较早睡早起的人也高。

多晒太阳

美国耶鲁大学医学院的一项研究发现，常晒太阳有助于降低流感病毒及其他常见呼吸道疾病的危害。研究者认为，保持体内高水平维生素D，就可以更好地预防普通感冒等问题。与较少晒太阳的人相比较，经常晒太阳的人更少感染流感病毒。充足的维生素D还能促进新陈代谢，减少肥胖风险，而晒太阳是最经济有效地补充维生素D的方法。

已有的调查显示，孕妇、老人易缺乏维生素D和钙。一般来说上午十点、下午四点阳光中紫外线偏低，既能促进新陈代谢，又可避免阳光伤害皮肤。每次晒太阳的时间不超过30分钟，晒完后可以搓热双手，按摩脸部，有清心安神、舒缓疲劳的效果。

增强免疫力食物推荐

提高免疫力能够保护我们的身体少受疾病的攻击，增强免疫力可以多摄入一些蛋白质、维生素、食用菌以及锌含量高的食物。膳食不均衡，如缺乏维生素可导致抵抗力下降，尤其是维生素 C，其作用是增强机体对外界环境的抵抗力和免疫力。

青椒

青椒能增强体力，缓解因工作、生活压力带给人们的疲劳感。其特有的味道和所含的辣椒素有刺激唾液和胃液分泌的作用，能增进食欲，帮助消化。中医认为青椒有温中下气、散寒除湿的作用。

食用菌类

主要包括香菇、平菇、猴头菇、草菇、木耳、银耳等，都有增强免疫力的作用。

香菇

香菇中的香菇多糖可提高巨噬细胞的吞噬功能，还可促进 T 淋巴细胞的增殖和分化，并提高 T 淋巴细胞的活性，这两种细胞的活性增强，可以提升人体抵抗力和免疫力。

辣椒素是一种抗氧化物质

维生素 C 72 毫克

高蛋白、低脂肪、多种氨基酸

磷 53 毫克

黄豆

黄豆中蛋白质含量高，氨基酸比例得当且齐全，必需氨基酸品质优良；富含健脑、益脑、育脑的增智成分；钙、磷、铁含量丰富，对于预防缺铁性贫血和给身体补充营养都非常有利。

含有植物激素大豆异黄酮，对女性有特殊生理作用

酸奶

酸奶中所含的益生菌，可以提高机体免疫力和抵抗力。酸奶中可消化蛋白质和脂肪含量高。

瘦肉

瘦肉中蛋氨酸含量较高，蛋氨酸是合成人体一些激素和维护表皮健康必需摄取的一种氨基酸。瘦肉是维生素 B_1、维生素 B_2、维生素 B_{12} 的良好来源，同时含矿物质丰富，尤其是铁（红色瘦肉中）、磷、钾、钠等。

乳酸能提高食欲，增进消化

食物补充宜与忌

宜补充蛋白质： 蛋白质是人体保持正常新陈代谢的基础，与人体的身体免疫力息息相关。

宜补充维生素： 维生素的种类较多，包含维生素A、叶酸等，虽然人体内的含量比较小，但如果这些物质的含量低于人体正常水平，则会导致人体免疫力的下降。

忌常吃烤肉： 当备孕夫妻接触了感染弓形虫病的畜禽，并吃了这些未熟的畜禽肉时，很容易会被感染。弓形虫是导致胎儿畸形的原因之一。

忌常吃甜食： 吃甜食会刺激神经末梢，让人感到兴奋和愉快，但由于甜食具有高脂肪、高热量的特性，常食甜食容易引起体重增加，会提高患糖尿病和心血管疾病的风险，同时容易引起蛀牙，对备孕夫妻来说应该避免经常食用。

山药鸡汤

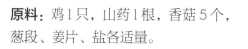

鸡肉 蛋白质 19.3 克
山药 钙 16 毫克

鲜奶炖木瓜

梨 维生素 C 6 毫克
木瓜 钙 17 毫克

原料：鸡1只，山药1根，香菇5个，葱段、姜片、盐各适量。

做法：

1 鸡剁块洗净，过水焯一下；山药去皮切块；香菇去蒂洗净切成块。

2 热油锅加葱段、姜片炝锅，倒入鸡块，翻炒3分钟。

3 锅中加热水，大火炖开后转小火炖2小时后加入山药、香菇和盐，继续炖20分钟即可。

营养价值：山药含有淀粉酶、多酚氧化酶等，有利于促进脾胃消化吸收，它是一味平补脾胃的药食两用之品。与鸡一起炖汤，营养更加丰富，可以提高食欲，增加备孕夫妻的免疫力。

原料：鲜牛奶250毫升，梨、木瓜各100克，蜂蜜适量。

做法：

1 梨、木瓜分别用水洗净，去皮，去核（瓤），切块。

2 将梨、木瓜放入炖盅内，加入鲜牛奶和适量清水，先用大火烧开，盖好盖，改用小火炖至梨、木瓜软烂，稍凉后加入蜂蜜调味即可。

营养价值：鲜奶和木瓜同食，营养全面，配以润心的梨，可以增强备孕女性的身体素质，清新的味道也会让备孕女性心情舒畅。

香菇酿豆腐

豆腐 磷 119 毫克
香菇 钾 20 毫克

原料：豆腐 300 克，香菇 3 朵，酱油、白糖、香油、淀粉、盐各适量。

做法：

1 豆腐洗净，切成小块，中心挖空。

2 香菇洗净，剁碎；将香菇碎、用油、盐、淀粉搅拌均匀，当作馅料。

3 将馅料填入豆腐中心，摆在碟上蒸熟，出锅淋上香油、酱油即可。

营养价值：豆腐中含有丰富的钙，可以和牛奶媲美，是备孕夫妻补钙的好食材。而且，豆腐中含有丰富的植物蛋白，偏素食的备孕女性可以经常食用。

什锦海鲜面

虾仁 硒 33.72 微克
海带 硒 9.54 微克

原料：面条、虾仁各 50 克，鱿鱼 1 条，香菇 2 朵，猪瘦肉 15 克，海带丝、葱段、盐各适量。

做法：

1 虾仁、海带丝分别洗净；香菇洗净，切丝；鱿鱼、猪瘦肉切末。

2 锅中放油，将葱段炒香，加入猪瘦肉、鱿鱼、香菇，翻炒至肉熟，加水煮开。

3 再放入虾仁、海带丝略煮，加盐调味。水开后下面条煮熟即可。

营养价值：此面含有硒、碘、锰、铜等矿物质，可以补充脑力，增强备孕夫妻的体力。丰富的食材组合，也让人提高食欲。

清炖鲫鱼

鲫鱼 蛋白质 17.1 克
豆腐 钾 125 毫克

原料： 鲫鱼 1 条，豆腐 50 克，冬笋、盐各适量。

做法：

1 鲫鱼处理干净；冬笋切成片；豆腐切成片。

2 将鲫鱼放入油锅中煎炸至微黄，放入冬笋片，加适量清水煮沸。

3 豆腐放入汤中，煮熟后加盐调味即可。

营养价值： 鲫鱼肉嫩味鲜，而且具有较强的滋补作用，此汤含有蛋白质、钙、磷等营养成分，非常适合体质较弱的备孕女性食用。

山药枸杞羊肉汤

羊肉 钙 6 毫克
枸杞子 硒 13.25 微克

原料： 羊肉 500 克，山药 150 克，枸杞子 15 克，姜片、葱段、胡椒、料酒、盐各适量。

做法：

1 羊肉洗净切块，余烫去浮沫；山药去皮洗净切片，枸杞子洗净。

2 将羊肉、枸杞子、姜片、葱段、胡椒、料酒一起放入锅中，加适量清水大火烧开，放入山药，小火煨至羊肉熟烂，出锅前加盐调味即可。

营养价值： 羊肉热量较高，可以作为秋冬御寒和进补的食物，冬天常吃羊肉可益气补虚，促进血液循环，增强御寒能力。羊肉搭配山药枸杞子有补肾壮阳、益气补虚，促进血液循环的作用。

白萝卜海带汤

白萝卜 胡萝卜素 20 微克
海带 钾 246 毫克

原料：海带 50 克，白萝卜 100 克，盐适量。

做法：

1 海带泡发，洗净切丝；白萝卜洗净切片。

2 将海带丝、白萝卜片放入锅中，加适量清水，煮至海带熟透。

3 出锅时加入盐调味即可。

营养价值：海带中的甘露醇与碘、钾、烟酸等协同作用，对防治高血压、贫血等，都有较好的效果。此汤利于消化，同时可促进钙的吸收，可以帮助备孕夫妻调理身体。

爆炒鸡肉

鸡肉 钙 9 毫克
胡萝卜 维生素 C 16 毫克

原料：鸡肉 200 克，胡萝卜、土豆、香菇各 30 克，酱油、淀粉、盐各适量。

做法：

1 胡萝卜、土豆洗净，切块；香菇切片；鸡肉洗净切丁，用酱油、淀粉腌 10 分钟。

2 油锅烧热，放入鸡丁翻炒，再放入胡萝卜块、土豆块、香菇片，加适量水、盐，煮至土豆绵软即可。

营养价值：鸡肉蛋白质含量较高，且易被人体吸收利用，有增强体力、强壮身体的作用。另外，鸡肉中甲硫氨酸的含量也很丰富，可弥补其他肉类这方面的不足。

胡萝卜菠萝汁

胡萝卜 钙 32 毫克
菠萝 维生素 C 18 毫克

原料：胡萝卜半根，菠萝半个。

做法：

1 菠萝去皮，切成小块，用淡盐水浸泡 30 分钟，取出冲洗干净；胡萝卜洗净，切小块。

2 二者一起放入榨汁机，加入 1 杯纯净水榨汁即可。

营养价值：胡萝卜菠萝汁含有丰富的维生素 C，能保持血管的弹性，促进血液循环，有助于缓解上班族的腰酸背痛，让备孕夫妻身体更轻松。

香菇鸡汤面

干香菇 钙 83 毫克
胡萝卜 钾 193 毫克

原料：面条、鸡肉各 100 克，干香菇、胡萝卜片、葱花、盐各适量。

做法：

1 干香菇泡发，去蒂，切片；鸡肉切片用料酒腌制 5 分钟。

2 将鸡肉放入锅中，加盐炒熟，盛出。香菇片入油锅略煎，盛出。

3 面条、胡萝卜片煮熟，盛入碗中，把鸡肉、香菇铺在面条上，撒葱花即可。

营养价值：此面可以补气血、养颜、提高免疫力。香菇可以增强人体的免疫功能并有防癌作用，用香菇和鸡一起熬鸡汤，香菇中的有效成分溶解在汤内，可提高人体吸收率。

柠檬煎鳕鱼

鳕鱼 蛋白质 20.4 克
柠檬 钾 209 毫克

原料： 鳕鱼肉 50 克，柠檬半个，鸡蛋 1 个，盐、水淀粉各适量。

做法：

1 将鳕鱼肉洗净，切块，加盐腌制片刻；柠檬切片，将适量柠檬汁挤入鳕鱼块中，其他摆在盘边。

2 鸡蛋磕入碗中，取蛋清。将腌制好的鳕鱼块裹上蛋清和水淀粉。

3 油锅烧热，放鳕鱼块煎至金黄，盛出即可。

营养价值： 鳕鱼属于深海鱼类，鳕鱼营养丰富，DHA 含量高，是健脑食物。备孕夫妻不能长期只吃一种鱼，要多品种地选择，淡水鱼、深海鱼交替食用。

海带烧黄豆

海带 碘 22 毫克
黄豆 蛋白质 35 克

原料： 海带 150 克，黄豆 100 克，小辣椒、盐、酱油、葱末、姜末、水淀粉各适量。

做法：

1 海带洗净切块；黄豆泡 2 小时。锅置火上，放入清水烧开，把海带和黄豆分别煮熟捞出。

2 另起油锅，油热后放小辣椒、葱末、姜末煸出香味；放海带块、黄豆翻炒，加水、盐和酱油，小火烧至汤汁收干时，加适量水淀粉勾芡即可。

营养价值： 黄豆中的蛋白质含量高，黄豆与海带搭配食用，更能提高其营养保健价值。

芥菜干贝汤

芥菜 胡萝卜素 310 微克
干贝 蛋白质 55.6 克

原料：芥菜 250 克，干贝、鸡汤、香油、盐各适量。

做法：

1 将芥菜洗净，切段。干贝用温水浸泡 12 小时以上，备用。

2 干贝洗净，加水煮软，拆开干贝肉。

3 锅中加鸡汤、芥菜段、干贝肉，煮熟后加香油、盐调味即可。

营养价值：干贝含有多种人体必需的营养素，如蛋白质、钙、锌等，具有滋阴补肾、和胃调中的功效，对脾胃虚弱的备孕夫妻有很好的食疗作用。

阿胶枣豆浆

黄豆 膳食纤维 15.5 克
草莓 钙 18 毫克

原料：黄豆 50 克，阿胶枣 25 克，草莓 5 个。

做法：

1 黄豆洗净，用水浸泡 10 小时。

2 将泡发好的黄豆放入豆浆机中，打成豆浆，并将打好的豆浆过滤，除去豆渣。

3 草莓洗净，将阿胶枣、草莓一同放入豆浆机中，打 10 秒左右，待原料充分搅碎，取出与豆浆混合即可。

营养价值：阿胶枣含有多种氨基酸及钙、铁等多种矿物质，有补血、滋阴、润燥、止血等功效，能滋补身体，养颜养身。

猪肉萝卜汤

原料：猪肉 500 克，白萝卜 250 克，葱末、姜片、盐各适量。

做法：

1 猪肉、白萝卜分别洗净，切块。

2 油锅烧热，爆香葱末、姜片，放入猪肉块煸炒，加盐调味。

3 加适量水烧开后，转小火将猪肉块炖烂。最后放入白萝卜块，炖熟烂即可。

营养价值：猪肉的蛋白质属优质蛋白质，含有人体多种必需氨基酸；猪肉富含铁，铁是人体血液中红细胞的生成和功能维持所必需的。冬天喝些猪肉萝卜汤既能润肺止咳，又能暖身滋补。

番茄炒西葫芦

原料：番茄 1 个，西葫芦半根，葱花、盐、香油各适量。

做法：

1 番茄洗净，切丁；西葫芦洗净，切片。

2 锅油烧热，将葱花放入锅中爆香，再将西葫芦片放入锅中翻炒，加盐调味。

3 将番茄丁放入锅中，翻炒 2 分钟，出锅前放点香油即可。

营养价值：西葫芦含有较多维生素 C、葡萄糖等营养物质，重要的是它含有一种干扰素的诱生剂，可刺激机体产生干扰素，帮助人体提高免疫力。搭配番茄食用，营养更全面。

鱼头豆腐汤

三文鱼 蛋白质 22.3 克
豆腐 硒 2.3 微克

原料：三文鱼鱼头 1 个，豆腐 50 克，姜片、枸杞子、料酒、盐各适量。

做法：

1 三文鱼鱼头一切为二，去鳃、洗净，用加了料酒、盐的开水余烫 2 分钟；豆腐洗净切块。

2 将鱼头、豆腐块放入锅内，加适量水，大火烧开，放入姜片、料酒、枸杞子，用小火炖 30 分钟，加盐调味即可。

营养价值：三文鱼中含有丰富的不饱和脂肪酸，能有效降低血脂和血胆固醇，所含的 Ω-3 脂肪酸更是脑部、视网膜及神经系统所必不可少的物质，此汤对备孕夫妻补充营养非常有帮助。

五谷皮蛋瘦肉粥

松花蛋 硒 44.32 微克
小米 胡萝卜素 100 微克

原料：松花蛋 1 个，香菇 2 朵，猪瘦肉 50 克，虾皮、小米、高粱米、糯米、紫米、糙米各适量。

做法：

1 松花蛋去壳切块；香菇洗净切丝；猪瘦肉洗净切丝。

2 油锅烧热，放入香菇、虾皮爆炒，再放入猪肉丝和松花蛋，翻炒均匀后盛出。

3 将杂粮分别洗净，浸泡，加水煮至七成熟时，放入炒好的猪肉丝、香菇、松花蛋、虾皮，同煮至熟即可。

营养价值：皮蛋在腌制的过程经过了强碱的作用，所以使蛋白质及脂质分解，较容易消化吸收。

豌豆苗鸡肝汤

豌豆苗 胡萝卜素 2667 克
鸡肝 蛋白质 16.6 克

原料： 豌豆苗1把，鸡肝3个，姜末、料酒、盐、香油、鸡汤各适量。

做法：

1 鸡肝洗净，切片，加入料酒和适量清水腌制10分钟后焯烫。

2 豌豆苗择洗干净，切成段。

3 锅置火上，倒入鸡汤，烧开时放入鸡肝、豌豆苗、姜末，加入料酒、盐煮5分钟，出锅前淋上香油即可。

营养价值： 鸡肝中的维生素A有助于视力的恢复。此汤还有滋阴补血、养肝明目的功效。

奶油白菜

白菜 钙 50 毫克
牛奶 维生素 A 24 微克

原料： 白菜200克，牛奶100毫升，火腿末、盐、高汤、淀粉各适量。

做法：

1 白菜洗净，切成4厘米长的段；淀粉用少量水调匀，将牛奶倒入水淀粉中搅匀。

2 油锅烧热，倒入白菜段，再加些高汤烧至七八成熟，放入盐，倒入调好的牛奶淀粉汁和火腿末，烧开即可。

营养价值： 这道菜奶鲜汤醇，蛋白质、钙含量丰富，别有风味。牛奶中存在多种免疫球蛋白，能增加人体免疫力和抗病能力；大白菜富含的膳食纤维具有帮助消化的作用。

百合粥

百合 钙 11 毫克
大米 铁 1.1 毫克

原料：新鲜百合 30 克，大米 50 克，冰糖适量。

做法：

1 百合撕瓣，洗净；大米洗净。

2 将大米放入锅内，加适量清水用大火烧开后，转用小火煮，快熟时，加入百合、冰糖，煮成稠粥即可。

营养价值：百合性微寒，能清心除烦，宁心安神，此粥有清热去火、去燥、滋阴养肺以及止咳的功效。

芥菜肉丝面

五花肉 蛋白质 7.7 克
芥菜 钙 230 毫克

原料：龙须面 100 克，五花肉 50 克，芥菜 1 棵，酱油、料酒、醋、姜末、盐各适量。

做法：

1 五花肉切丝，用料酒、酱油、姜末腌 5 分钟。芥菜去掉老根，切碎。

2 油锅烧热，放入肉丝，炒熟。放入芥菜碎，翻炒均匀后关火，盛出。

3 锅中倒入适量水，将龙须面煮熟，最后放入芥菜碎、肉丝、醋、盐，略煮片刻即可。

营养价值：此面清淡爽口，味道鲜美，营养价值又很高，含有丰富的蛋白质和多种维生素，芥菜还有利尿止泻的作用，非常适合备孕女性食用。

猪血 钙 16 毫克
猪血 锌 7.94 毫克

牛肉 蛋白质 19.9 克
胡萝卜 硒 2.8 微克

原料：猪血 150 克，姜丝、料酒、盐各适量。

做法：

1 猪血切成大块，放入开水中焯一下，捞出沥干水分，切小块。

2 锅内放油后，烧至七成热，下猪血及料酒、姜丝、盐翻炒片刻即可。

营养价值：猪血中铁含量丰富，可以预防缺铁性贫血。备孕女性应多吃些能够补血的食物，以预防孕期贫血对胎宝宝产生不利的影响。

原料：牛肉 150 克，胡萝卜丝 100 克，酱油、盐、水淀粉、葱花、姜末各适量。

做法：

1 牛肉切丝，用葱花、姜末、水淀粉、酱油腌 10 分钟。

2 将腌好的牛肉丝入油锅迅速翻炒，然后盛出。

3 胡萝卜丝放入锅内炒至熟后，放入牛肉丝一起炒匀，调入盐即可。

营养价值：胡萝卜有利于人体生成维生素 A，牛肉中的 B 族维生素含量丰富，此菜可以提高备育男性的抗病能力，提高精子的质量。

鲫鱼丝瓜汤

鲫鱼 钙 79 毫克
丝瓜 硒 0.86 微克

原料: 鲫鱼 1 条,丝瓜 200 克,姜片、盐各适量。

做法:

1 鲫鱼收拾干净,洗净,切块。

2 丝瓜去皮,洗净,切成段,与鲫鱼块一起放入锅中,加水同煮。

3 最后加入姜片,先用大火煮沸,后改用小火慢炖至鱼肉熟,加盐调味即可。

营养价值: 鲫鱼所含的蛋白质质优、种类齐全、易于消化吸收,是良好蛋白质来源,常食可增强抗病能力。鲫鱼汤鲜美,营养价值全面,备孕夫妻每周要吃两次。

银鱼豆芽

豌豆 钙 97 毫克
黄豆芽 钙 21 毫克

原料: 银鱼 20 克,黄豆芽 300 克,豌豆、胡萝卜丝各 50 克,葱花、盐各适量。

做法:

1 银鱼氽水,沥干;豌豆煮熟。

2 葱花入油锅爆香,炒黄豆芽、银鱼及胡萝卜丝;略炒后加入煮熟的豌豆,翻炒均匀,加盐调味即可。

营养价值: 银鱼和黄豆芽都是钙质很好的来源,利于保持牙齿的健康。而且这道菜不含过多的脂肪,对备孕夫妻的体重不会造成负担。

芒果西米露

芒果 胡萝卜素 897 毫克
牛奶 碳水化合物 3.4 克

原料: 芒果1个,牛奶200毫升,西米、蜂蜜各适量。

做法:

1 锅中加水煮沸,放入西米。中大火煮10分钟后,关火焖15分钟,取出冲凉。

2 锅中换水煮沸,放入冲凉的西米。中大火煮5分钟后,关火再焖15分钟,直至无白心,捞出。

3 芒果洗净,切丁,放入碗中。芒果碗中放入适量蜂蜜和西米,倒入牛奶,搅拌均匀即可。

营养价值: 芒果中的胡萝卜素含量丰富,具有明目的作用,是帮助备孕夫妻保持眼部健康的理想选择。

虾仁蛋炒饭

香菇 锌 0.66 毫克
胡萝卜 铁 0.5 毫克

原料: 熟米饭1碗,香菇3朵,虾仁5只,胡萝卜1/2根,鸡蛋1个,盐、料酒、葱花、蒜末各适量。

做法:

1 香菇洗净切丁;胡萝卜洗净切丁。虾仁加料酒腌5分钟,鸡蛋打入碗中。

2 烧热油,放入鸡蛋液炒散,盛出。再倒油,下蒜末炒香,倒入虾仁翻炒,倒入香菇丁、胡萝卜丁、熟米饭,炒匀;再加入盐,撒上葱花,翻炒入味即可。

营养价值: 米饭换着花样吃,在备孕期间是非常不错的做法,会让一日三餐营养更全面。

什锦西蓝花

西蓝花 蛋白质 4.1 克
菜花 钙 23 毫克

原料： 西蓝花、菜花各 100 克，胡萝卜 50 克，盐、白糖、醋、香油各适量。

做法：

1 西蓝花和菜花洗净，切成小朵；胡萝卜洗净，去皮，切片。

2 将全部蔬菜放入锅中焯熟透，盛盘；加盐、白糖、醋、香油拌匀即可。

营养价值： 这道菜质地细嫩，味甘鲜美，容易消化。西蓝花富含维生素 C 和叶酸，能增强备孕夫妻的免疫力。

三色肝末

猪肝 维生素 A 5 毫克
洋葱 钙 24 毫克

原料： 猪肝 100 克，胡萝卜、洋葱、番茄各 50 克，菠菜、高汤、盐各适量。

做法：

1 将猪肝、胡萝卜分别洗净，切碎；洋葱剥去外皮切碎；番茄用开水烫一下，剥去外皮，切丁；菠菜择洗干净，用开水烫过后切碎。

2 将切碎的猪肝、洋葱、胡萝卜放入锅内并加入高汤煮熟，再加入番茄丁、菠菜碎、盐，略煮片刻即可。

营养价值： 此菜品清香可口，色泽美观，鲜软适口，含有丰富的蛋白质、钙、磷、铁、锌及维生素 A，更可给人体补充硒元素，保护心脏大脑的健康。

大丰收

白萝卜 磷 26 毫克
生菜 钙 70 毫克

原料： 白萝卜、黄瓜各 1/2 根，生菜 1/2 棵，莴苣 1/2 根，芹菜 1 棵，圣女果、甜面酱、白糖、香油各适量。

做法：

1 白萝卜、莴苣去皮，黄瓜、芹菜洗净，切条；生菜洗净，撕成大片；圣女果洗净，将这些蔬菜码盘。

2 甜面酱加适量白糖、香油，搅拌均匀。

3 各种蔬菜蘸甜面酱食用。

营养价值： 白萝卜具有促进消化、增强食欲、加快胃肠蠕动的作用，其辛辣的成分可促进胃液分泌，调整胃肠功能，能有效缓解胃胀气。

黑豆饭

黑豆 蛋白质 36 克
糙米 硒 2.23 微克

原料： 黑豆 40 克，糙米 100 克。

做法：

1 黑豆、糙米分别洗净，放在大碗里泡 4 小时。

2 将黑豆、糙米、泡米水一起倒入电饭煲焖熟即可。

营养价值： 糙米是没有去皮的大米，表皮含有大量的 B 族维生素。这是一份杂粮主食，备孕夫妻可以与其他主食交替食用，做到营养均衡。

蒜薹炒肉

蒜薹炒肉 锌 2.06 毫克
蒜薹 胡萝卜素 480 微克

清炒蚕豆

蚕豆蛋白质 21.6 克
蚕豆 钙 31 毫克

原料：猪肉 100 克，蒜薹 200 克，生抽、水淀粉、盐各适量。

做法：

1 猪肉切片或条，加生抽、水淀粉腌制一会。蒜薹洗净，切小段。

2 锅中油热后，放入肉片炒至变色，盛出备用。

3 锅中油热后，放入蒜薹段，翻炒均匀，炒到蒜薹稍稍变软，放入肉片，煸炒至入味，加盐调味即可。

营养价值：猪肉含有人体必需的各种氨基酸，并且必需氨基酸的构成比例接近人体需要，因此易被人体吸收利用，与蒜薹搭配食用，可补充多种矿物质及维生素。

原料：鲜蚕豆 300 克，红椒片、盐、葱花各适量。

做法：

1 锅中油热后，放葱花和红椒片，然后将蚕豆下锅翻炒。

2 加水焖煮，水量需与蚕豆持平。

3 当水快收干、蚕豆表皮裂开时加盐即可，用盐量比炒蔬菜略多些。

营养价值：蚕豆营养丰富，富含植物蛋白质，还含有膳食纤维、钙、磷、铁、B 族维生素等。蚕豆可以用来代替一部分主食，对备孕夫妻来说，是预防体重增加的优选食物。

香椿芽拌豆腐

香椿 锌 2.25 毫克
豆腐 铁 1.9 毫克

原料：香椿芽200克，豆腐100克，盐、香油各适量。

做法：

1 香椿芽洗净，用开水烫一下切成细末。

2 豆腐切丁，用沸水汆熟，碾碎，再加入香椿芽末、盐、香油拌匀即可。

营养价值：香椿含有丰富的维生素C和胡萝卜素，有助于增强备孕女性的免疫功能；豆腐富含优质植物蛋白，多食豆腐能为备孕女性提供必要的营养，还可增强体质。

橙汁酸奶

橙子 维生素C 33 毫克
酸奶 钙 118 毫克

原料：橙子1个，酸奶250毫升，蜂蜜适量。

做法：

1 将橙子去皮，去子，榨成汁。

2 将橙汁与酸奶、蜂蜜搅匀即可。

营养价值：橙汁酸奶有很好的健脾开胃的效果，酸甜可口，为备孕夫妻补充维生素和钙的同时，也能让人心情愉悦，而且酸奶和橙子一起食用还会使备孕女性皮肤变得白皙。

肉末茄子

茄子 钙 24 毫克
猪肉 铁 1.6 毫克

原料: 茄子 1 个, 猪肉末 30 克, 葱花、姜末、蒜末、酱油、盐各适量。

做法:

1 把茄子去皮洗净, 切小块。

2 锅中不放油烧热, 放入茄子块翻炒, 待茄子块软塌时盛出备用。

3 油锅烧热, 放入葱花、姜末爆香, 加猪肉末炒散, 放酱油翻炒均匀; 放入煸炒好的茄子块翻炒至熟。最后加入盐、蒜末炒匀即可。

营养价值: 茄子含有维生素 E, 有防止出血和抗衰老功能, 对于经常不运动、体重超标的备育男性来说, 是值得推荐的食谱。

紫薯山药球

紫薯 钙 23 毫克
山药 蛋白质 1.9 克

原料: 紫薯 1 个, 山药 1/2 根, 炼奶适量。

做法:

1 紫薯、山药分别洗净, 去皮, 蒸烂后压成泥。

2 在山药泥中混入适量蒸紫薯的水, 然后分别拌入炼奶后混合均匀。

3 揉成球形即可。

营养价值: 紫薯除了具有普通红薯的营养成分外, 还富含硒元素和花青素, 花青素是天然强效自由基清除剂。紫薯还具有特殊保健功能, 包括多种氨基酸, 易被人体消化和吸收。

莲子芋头粥

糯米 钙 26 毫克
莲子 钙 97 毫克

原料： 糯米 50 克，莲子、芋头各 30 克，白糖适量。

做法：

1 将糯米、莲子洗净，莲子泡软；芋头去皮洗净，切小块。

2 将莲子、糯米、芋头块一起放入锅中，加适量水同煮，粥熟后加入白糖即可。

营养价值： 莲子性平、味甘、有养心安神、补益脾气、益肾涩精的功效，适合睡眠不佳的备孕夫妻食用，睡前一碗莲子粥，可以帮助提升睡眠质量。

西葫芦饼

西葫芦 磷 17 毫克
鸡蛋 维生素 E1.84 毫克

原料： 西葫芦 250 克，面粉 150 克，鸡蛋 2 个，盐适量。

做法：

1 鸡蛋打散，加盐；西葫芦洗净，擦丝。

2 将西葫芦丝放进蛋液里，加面粉、适量水搅拌均匀。

3 锅里放油，将面糊放进去，煎至两面金黄盛盘即可。

营养价值： 西葫芦含有一种干扰素的诱生剂，可刺激机体产生干扰素，提高免疫力，发挥抗病毒的作用。西葫芦饼好吃易做，无论是早餐还是加餐都非常适合。

金针菇拌黄瓜

黄瓜 钾 102 毫克
金针菇 磷 97 毫克

原料： 金针菇 250 克，黄瓜 1 根，芝麻酱、生抽、陈醋、香油、盐各适量。

做法：

1 金针菇放入沸水中焯熟；黄瓜切丝。

2 将芝麻酱放入碗中，和生抽、陈醋、香油、盐搅拌均匀。

3 将金针菇、黄瓜丝放碗里，淋入调味汁即可。

营养价值： 金针菇中含锌量比较高，有健脑的作用，被誉为"益智菇"。金针菇能有效地增强机体的生活活性，促进体内新陈代谢，有利于食物中多种营养素的吸收和利用。

素火腿

豆腐皮 蛋白质 44.6 克
豆腐皮 钙 116 毫克

原料： 豆腐皮 150 克，虾 300 克，盐、酱油、白糖、高汤、香油各适量。

做法：

1 将虾用盐、酱油、白糖及高汤、香油抓拌一下。

2 将虾摆在豆腐皮上，卷起，捆紧，在蒸锅中蒸半小时，取出放凉，切成段，即可食用。

营养价值： 此菜咸香味鲜，可帮助备孕女性增加钙的摄入和吸收。豆腐皮还有易消化、吸收快的优点，对于肠胃功能欠佳的备孕夫妻，可以调节肠胃功能。

三丁豆腐羹

豆腐 锌 1.11 毫克
豌豆 维生素E 8.47 毫克

原料：豆腐1块，鸡胸肉50克，番茄1/2个，豌豆1把，盐、香油各适量。

做法：

1 豆腐切成块，在开水中煮一下。

2 鸡胸肉洗净，番茄洗净、去皮，分别切成丁。

3 将豆腐块、鸡肉丁、番茄丁、豌豆放入热水锅中，大火煮沸后，转小火煮20分钟。出锅时加入盐，淋上香油即可。

营养价值：此汤羹含丰富的蛋白质、钙和维生素C，有助于保持骨骼、牙齿和大脑的健康，酸酸的口味，还有助于提升食欲，促进消化。

西芹炒百合

百合 磷 61 毫克
西芹 钙 48 毫克

原料：鲜百合100克，西芹200克，葱段、姜片、盐、高汤、淀粉各适量。

做法：

1 百合洗净，掰成小瓣；西芹洗净，切段，用开水焯烫。

2 油锅烧热，下入葱段、姜片炝锅，再放入西芹和百合翻炒至熟，调入盐、少许高汤，出锅前用淀粉勾薄芡即可。

营养价值：此菜清清爽爽，看着就有食欲，西芹又含丰富的维生素和矿物质，对备孕夫妻来说都是必需的营养素。

小白菜锅贴

小白菜 胡萝卜素 1680 微克
猪肉 钾 204 毫克

原料：小白菜 1 把，猪肉末 100 克，面粉 200 克，葱末、姜末、酱油、料酒、油、盐各适量。

做法：

1 小白菜洗净切碎；猪肉末用酱油、料酒和盐腌好，加葱末、姜末和小白菜拌匀。

2 面粉加水揉成面团后饧 20 分钟，擀成面皮；放上馅儿包成锅贴。

3 平底锅刷油，将锅贴摆入锅中，锅贴底部将熟时加少许水，锅贴底部焦黄时盛出即可。

营养价值：小白菜中的维生素 B_1 能促进神经系统的发育。荤素的搭配能让营养更均衡。

海带冬瓜粥

海带 蛋白质 1.2 克
大米 锌 1.45 毫克

原料：大米 100 克，海带、冬瓜各 50 克，盐适量。

做法：

1 将大米淘洗干净；海带洗净，切成丝；冬瓜切成块。

2 将大米倒入锅中，加水，小火煮 30 分钟。

3 放入海带丝、冬瓜和盐，再继续煮 20 分钟即可。

营养价值：海带中的碘很丰富，它是体内合成甲状腺素的原料之一，碘可以刺激垂体，使女性体内雌性激素水平降低，恢复卵巢的正常机能，纠正内分泌失调。

炝拌黄豆芽

黄豆芽 磷 74 毫克
胡萝卜 碳水化合物 10.2 克

原料： 黄豆芽 150 克，胡萝卜 1/2 根，香菜、盐、花椒油、香油各适量。

做法：

1 黄豆芽洗净；胡萝卜洗净，去皮切丝；香菜洗净切段。

2 黄豆芽焯水，捞出后再放入胡萝卜丝焯水，捞出沥干。

3 将黄豆芽、胡萝卜丝和香菜倒入大碗中，调入盐、香油拌匀。把热花椒油泼在上面，搅拌均匀即可。

营养价值： 豆类发芽时在种子内部贮存的部分淀粉和蛋白质在酶的作用下分解，转化成自身生长所需的糖类和氨基酸，使豆类中的淀粉和蛋白质利用率大大提高。

虾皮紫菜汤

紫菜 蛋白质 26.7 克
虾皮 钙 991 毫克

原料： 紫菜 10 克，鸡蛋 1 个，虾皮、盐、葱花、姜末、香油各适量。

做法：

1 虾皮洗净；紫菜撕成小块；鸡蛋打散。

2 油锅烧热，下入姜末略炒，放入虾皮略炒一下，加适量水烧沸，淋入鸡蛋液，放入紫菜、盐，出锅前放入葱花、香油即可。

营养价值： 紫菜和虾皮都是补碘补钙的食物，这道汤简便易做，而且是非常容易与其他菜搭配食用。

彩椒炒腐竹

腐竹 蛋白质 44.6 克
彩椒 维生素 C 72 毫克

原料：黄椒、红椒各 1 个，腐竹 1 根，葱末、盐、香油、水淀粉各适量。

做法：

1 黄椒、红椒洗净，切菱形片；腐竹泡水后斜刀切成段。

2 锅中倒油烧热，放入葱末煸香，再放入黄椒片、红椒片、腐竹段翻炒。

3 放入水淀粉勾芡，出锅时加盐调味，再淋上香油即可。

营养价值：腐竹含钙丰富，黄椒和红椒富含的维生素能促进钙的吸收，科学合理的搭配，会让牙齿和骨骼更坚固。

红枣枸杞粥

红枣 蛋白质 3.2 克
枸杞子 铁 5.4 毫克

原料：红枣 5 颗，枸杞子 15 克，大米 50 克。

做法：

1 将红枣、枸杞子洗净，用温水泡 20 分钟。

2 将泡好的红枣、枸杞子与大米同煮，待米烂粥稠即可。

营养分析：红枣既能养胃健脾、补血安神，又能滋润心肺。对于贫血、面色苍白、气血不足的备孕夫妻都有很好的调养作用。枸杞子富含枸杞多糖，具有生理活性，能够提高人体抗病能力。

生姜红糖饮

姜 钙 62 毫克
红糖 铁 2.2 毫克

原料： 老姜 1 大块，红糖适量。

做法：

1 将老姜切碎，加入红糖，按 1:1.5 的比例，拌匀。

2 锅中放水，把拌好的姜糖倒入，小火煮 15 分钟。

营养分析： 这道饮品可以帮助女性增加能量，同时还能起到活络气血，加快血液循环的作用。月经不调、痛经、体寒的备孕女性，可以每周喝几次。

鸡蛋紫菜饼

紫菜 膳食纤维 21.6 毫克
鸡蛋 维生素 E 1.84 毫克

原料： 紫菜 30 克，鸡蛋 2 个，面粉 50 克，盐适量。

做法：

1 紫菜洗干净切碎，与打散的鸡蛋液、适量面粉、盐一起搅拌均匀。

2 锅里倒入适量油，烧热，将原料一勺一勺舀入锅中，用小火煎成两面金黄。

营养价值： 这种饼咸香可口，而且紫菜能增强记忆，可以防治贫血。紫菜还含有一定量的甘露醇，可作为治疗水肿的辅助食物，帮助备孕女性消除水肿。

奶香玉米饼

玉米 维生素 C16 毫克
淡奶油 钙 14 毫克

原料: 鸡蛋黄 2 个, 面粉、玉米粒各 100 克, 淡奶油 40 克, 盐适量。

做法:

1 将以上原料混在一起, 加适量的水, 搅拌成糊状。

2 用平底锅摊成饼即可。

营养价值: 此饼最大限度地保留了玉米的营养成分, 容易被吸收, 同时还可补充碳水化合物。玉米的多种食用方法, 会增加食用玉米的次数, 也会让备孕期间餐桌上的菜谱更丰富更全面。

洋葱炒鱿鱼

鱿鱼 蛋白质 17.4 克
洋葱 磷 39 毫克

原料: 鲜鱿鱼 1 条, 洋葱 100 克, 青椒、红椒各 20 克, 盐、孜然各适量。

做法:

1 鲜鱿鱼剖开, 处理干净, 切成粗条划上花刀, 放入开水中汆烫, 捞出; 洋葱、青椒、红椒洗净, 切小块。

2 油锅烧热, 放入洋葱块、青椒块和红椒块翻炒, 然后放入鲜鱿鱼条, 加适量孜然、盐, 炒匀即可。

营养价值: 鱿鱼中含有丰富的钙、磷、铁, 对骨骼发育和造血十分有益, 可预防贫血。鱿鱼富含蛋白质及人体所需的氨基酸, 可缓解疲劳, 改善肝脏功能, 是备孕夫妻改善亚健康状态的理想选择。

百合莲子桂花饮

百合 铁 1 毫克
莲子 硒 3.36 微克

原料： 百合 10 克，莲子、桂花蜜、冰糖各适量。

做法：

1 百合轻轻掰开后用水洗净表面泥沙，尽量避免用力搓揉；莲子用水浸泡 10 分钟后捞出。

2 锅中加适量清水，将莲子煮 5 分钟后即可轻松取出莲子心。

3 莲子回锅，再次煮开后，加入百合瓣，再加入冰糖至冰糖溶化。根据自己的喜好，添加桂花蜜。

营养价值： 此粥可以宁心静神，缓解失眠，对于备孕女性的营养不良、心悸不安、夜眠多梦、疲倦无力均有很好的滋补作用。

芸豆烧荸荠

荸荠 钙 4 毫克
牛肉 硒 6.45 微克

原料： 芸豆 200 克，荸荠 100 克，牛肉 50 克，料酒、葱姜汁、盐、高汤各适量。

做法：

1 荸荠削去外皮，切片；芸豆斜切成段；牛肉切成片，用料酒、葱姜汁和盐腌制。

2 油锅烧热，下入牛肉片炒至变色，下入芸豆段炒匀，再放入余下的料酒、葱姜汁，加高汤烧至微熟。

3 下入荸荠片，炒匀至熟，加适量盐调味即可。

营养价值： 荸荠中含有丰富的磷，是维持人体生理功能的必需矿物质，可以帮助调节人体酸碱平衡。

白萝卜鲜藕汁

白萝卜 钾 173 毫克
藕 维生素 C 44 毫克

原料： 白萝卜、鲜藕各 100 克，蜂蜜适量。

做法：

1 白萝卜洗净，捣烂取汁，鲜藕捣烂取汁。

2 将白萝卜汁与鲜藕汁混合，加蜂蜜搅拌均匀即成。

营养价值： 藕具有养血补虚的作用，对治疗缺铁性贫血、便秘、糖尿病等有较好的效果，是备孕期间非常好的保健食物。

什锦沙拉

番茄 胡萝卜素 550 微克
芦笋 钙 10 毫克

原料： 番茄 1 个，黄瓜 1/2 根，芦笋、紫甘蓝各 50 克，沙拉酱适量。

做法：

1 将黄瓜、番茄、芦笋、紫甘蓝洗干净，将番茄、黄瓜切块，芦笋切段，紫甘蓝撕成小片。

2 芦笋段在开水中略微焯烫，捞出沥干。

3 将所有食材码盘，挤上沙拉酱，食用时拌匀即可。

营养价值： 什锦沙拉含丰富的叶酸和多种维生素，而且味道清淡，易消化，适合胃口不佳的备孕女性食用。沙拉的食材可以经常更换，最好是适合时令的蔬菜。

土豆烧牛肉

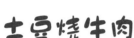

牛肉 钙 23 毫克
土豆 磷 40 毫克

原料： 牛肉 150 克，土豆 100 克，盐、酱油、葱段、姜片各适量。

做法：

1 土豆去皮，切块；牛肉洗净，切成滚刀块，放入沸水中氽透。

2 油锅烧热，下牛肉块、葱段、姜片煸炒出香味，加盐、酱油和适量水，汤沸时撇净浮沫，改小火炖 2 小时，最后放入土豆块炖熟即可。

营养价值： 牛肉含有丰富的蛋白质，氨基酸组成接近人体需要，能提高机体抗病能力，对身体虚弱的备孕夫妻特别适宜。寒冬食用牛肉，有暖胃作用，为寒冬补益佳品。

鲜蔬小炒肉

五花肉 钙 5 毫克
蚕豆 锌 3.42 毫克

原料： 五花肉 100 克，鸡腿菇、蚕豆各 50 克，红椒、蒜、白糖、生抽、盐各适量。

做法：

1 五花肉、鸡腿菇洗净，切片。红椒洗净，切丝；蒜切碎，剁成蒜蓉。

2 锅中加适量水、盐，放入鸡腿菇片、蚕豆焯水，捞出沥干。

3 锅烧热，干煸五花肉片，待表面微黄出油时倒入蒜蓉翻炒，放入鸡腿菇片和蚕豆，加生抽和白糖翻炒。最后放入红椒丝，加盐调味。

营养价值： 软糯的蚕豆、亮丽的红椒、滑嫩的鸡腿菇，这道鲜蔬小炒肉会让备孕夫妻食欲大开的。

猪蹄茭白汤

猪蹄 蛋白质 22.6 克
茭白 硒 0.45 微克

原料：猪蹄1个，茭白1根，姜片、料酒、葱段、盐各适量。

做法：

1 猪蹄用开水烫后刮去浮皮，拔去毛，洗净，放净锅内，加清水、料酒、姜片及葱段，大火煮沸，撇去浮沫，再改用小火炖至猪蹄酥烂。

2 茭白洗净，去皮，切块后放入锅中煮5分钟，出锅前加盐调味即可。

营养价值：猪蹄中含有大量的胶原蛋白质，胶原蛋白在烹调过程中可转化成明胶。明胶可以帮助人体增强细胞生理代谢，有效地改善机体生理功能和皮肤组织细胞的储水功能，会让女性延缓皮肤的衰老。

柠檬饭

香米 蛋白质 12.7 克
柠檬 锌 0.65 毫克

原料：香米200克，柠檬1个，盐适量。

做法：

1 柠檬洗净，切成两半，一半去皮，切末；一半切成薄片。

2 将香米淘洗干净，放入适量水和盐焖煮。

3 饭熟后，装盘，撒上柠檬末，周围环绕柠檬片装饰即可。

营养价值：柠檬中含有丰富的柠檬酸，其富含维生素C，是"坏血病"的克星，而且还可以预防感冒。酸酸的柠檬饭会给备孕女性带来好心情。

糖渍金橘

金橘 胡萝卜素 370 微克
金橘 钙 56 毫克

原料： 金橘 6 个，白糖适量。

做法：

1 洗净金橘，放在不锈钢盆中，用勺背将金橘压扁去子，加入适量白糖腌制。

2 金橘浸透糖后，放入锅中，再以小火慢慢炖至汁液变浓即可。

营养价值： 糖渍金橘能理气、解郁、化痰、除胀，无论气滞型腹胀还是食滞型腹胀，都可以食用金橘来缓解，为备孕女性减轻腹胀的痛苦。

田园土豆饼

玉米 铁 1.1 毫克
土豆 钙 8 毫克

原料： 土豆 1 个，青椒、红椒各 1/2 个，玉米粒 40 克，沙拉酱、淀粉各适量。

做法：

1 土豆洗净，去皮切块；青椒、红椒分别洗净切丁。

2 土豆蒸熟压成土豆泥；青椒丁、红椒丁、玉米粒焯水沥干。

3 青椒丁、红椒丁、玉米粒、沙拉酱倒入土豆泥中拌匀。土豆泥捏成小饼，将做好的饼坯裹上一层淀粉。锅里加油，入饼坯两面煎成金黄色。

营养价值： 土豆中的营养素齐全，而且易为人体消化吸收，享有"第二面包"的称号。

百合炒牛肉

牛肉 锌 4.73 毫克
百合 硒 0.2 微克

原料： 牛肉 250 克，鲜百合 150 克，红椒、生抽、蚝油、盐各适量。

做法：

1 鲜百合洗净，掰瓣；红椒洗净切块；牛肉洗净，切成薄片，放入碗中，用生抽、蚝油抓匀，倒入油，腌 20 分钟。

2 锅置于火上，放入油烧热，倒入牛肉片，用大火快炒 2 分钟，再加入百合和红椒翻炒至牛肉全部变色，加盐调味即可。

营养价值： 牛肉对增长肌肉、增强力量特别有效。与百合搭配食用，营养美味又保健，特别适合备孕夫妻食用。

干贝蒸蛋

干贝 硒 76.35 微克
鸡蛋 镁 10 毫克

原料： 鸡蛋 2 个，干贝 10 克，香葱 1 根，盐、生抽、香油各适量。

做法：

1 干贝清洗干净，放入清水中浸泡 2 小时，干贝泡好后捞出，用手撕成丝。香葱切成末。

2 将鸡蛋打入碗中，加入干贝丝和等量的干贝水，再加盐、生抽搅拌均匀，倒入蒸碗。

3 锅中加冷水，大火烧开后转小火蒸 8 分钟，出锅前滴入香油，撒上香葱点缀即可。

营养价值： 干贝滋阴补肾的作用是非常强的，对于头晕目眩、咽干口渴、脾胃虚弱等都有很好的补益作用。

芒果奶香布丁

芒果 硒 1.44 微克
牛奶 维生素 E 0.21 毫克

原料：鸡蛋2个，芒果1个，牛奶150毫升。

做法：

1 鸡蛋打散，与牛奶混合，顺着同一方向搅拌均匀。蛋液过筛2次，倒入蒸碗中。

2 芒果去皮，切成小丁。

3 冷水上锅，将蒸碗覆上保鲜膜，蒸10分钟。晾凉后，撒上芒果丁即可。

营养价值：芒果含有丰富的维生素A，因此具有防癌、抗癌的作用。由于芒果中含有大量的维生素，因此备孕女性经常食用芒果，可以起到滋润肌肤的作用。

小米双豆浆

小米 钙 41 毫克
豌豆 锌 2.35 毫克

原料：黄豆50克，小米、豌豆各25克，冰糖适量。

做法：

1 黄豆用水浸泡12小时，捞出洗净。小米用水浸泡2小时；豌豆洗净。

2 将黄豆、小米、豌豆放入豆浆机中，加水至上下水位线之间，启动豆浆机。

3 待豆浆制作完成，过滤后加冰糖搅拌均匀即可。

营养价值：作为五谷杂粮之首，小米的营养价值非常高，适当食用小米能给人体提供营养和能量。

莴苣炒山药

莴苣 钙 23 毫克
山药 锌 0.27 毫克

原料： 山药、莴苣各 250 克，胡萝卜 50 克，胡椒粉、白醋、盐各适量。

做法：

1 山药、莴苣、胡萝卜分别洗净，去皮，切长条，用水焯一下。

2 油锅烧热，放入山药条、莴苣条、胡萝卜条，不停翻炒。

3 放入所有调味料，翻炒片刻即可。

营养价值： 山药可改善睡眠，能愉悦心情、健身强体、延缓衰老。山药还具有滋补细胞、强化内分泌、补益强壮、增强机体造血功能等作用。

黄花菜炒鸡蛋

鸡蛋 锌 1.1 毫克
黄花菜 钙 301 毫克

原料： 鸡蛋 2 个，干黄花菜 50 克，生抽 1 勺，葱、姜、盐各适量。

做法：

1 干黄花菜洗净，用温水泡 2 小时。葱、姜切丝，备用；鸡蛋打入碗中，加少许盐，打散。

2 油锅烧热，倒入蛋液，炒熟，盛出。锅中留少许油，放入葱丝、姜丝炒香，然后放入黄花菜翻炒。

3 加生抽、盐，倒入炒好的鸡蛋，翻炒均匀即可。

营养价值： 黄花菜有较好的健脑、抗衰老功效，是因其含有丰富的卵磷脂，对增强和改善大脑功能有重要作用，会让备孕夫妻保持大脑的活力。

薏米炖鸡

鸡肉 硒 11.75 微克
冬菇 钙 55 毫克

原料：鸡1只，冬菇3朵，薏米、油菜、盐各适量。

做法：

1 薏米洗净；冬菇浸泡变软后去蒂，洗净；油菜洗净。

2 鸡收拾好，洗净，放入沸水中煮片刻，取出冲洗干净。

3 把鸡放入炖锅内，加入适量开水，炖约1.5个小时；放入冬菇、薏米，再炖1个小时；放入油菜和盐，稍炖即可。

营养价值：鸡肉对营养不良、畏寒怕冷、乏力疲劳、月经不调、贫血、虚弱等有很好的食疗作用。

芦笋口蘑汤

芦笋 维生素C 45 毫克
口蘑 膳食纤维 17.2 克

原料：芦笋200克，口蘑100克，红椒50克，葱花、盐、香油各适量。

做法：

1 芦笋洗净，切段；口蘑洗净，切片；红椒洗净，切片。

2 油锅烧热，下葱花煸香，放芦笋段、口蘑片略炒，加适量水煮5分钟，再放入盐调味。

3 最后放红椒片，淋上香油即可。

营养价值：芦笋味道鲜美，膳食纤维柔软可口，能增进食欲，帮助消化。

苹果葡萄干粥

苹果 维生素C 4 毫克
葡萄干 钙 52 毫克

原料： 大米 50 克，苹果 1 个，葡萄干 20 克，蜂蜜适量。

做法：

1 大米洗净；苹果去皮、核，切成丁。

2 锅内放入大米、苹果丁，加适量清水大火煮沸，改用小火熬煮 40 分钟。食用时加入蜂蜜、葡萄干搅匀即可。

营养价值： 此粥含丰富的有机酸及膳食纤维，可促进消化，缓解便秘。葡萄干中含有果酸、氨基酸等丰富的矿物质，能够缓解人体的疲劳、延缓衰老，减轻神经衰弱等症状。

黑芝麻拌菠菜

菠菜 磷 47 毫克
黑芝麻 钾 358 毫克

原料： 菠菜 300 克，黑芝麻、盐、香油、醋、白糖各适量。

做法：

1 黑芝麻放入炒锅中炒香，火要小，稍有香味即可。

2 菠菜洗净切段，锅中放水和盐，烧滚后放入菠菜氽熟，捞出沥干。

3 用黑芝麻和盐、香油、醋、白糖将菠菜拌匀。

营养价值： 菠菜可以补铁，预防贫血；黑芝麻则含不饱和脂肪酸和蛋白质，有利于备孕夫妻保持大脑的清醒。

玉米牛蒡排骨汤

玉米 磷 117 毫克
排骨 锌 3.36 毫克

原料： 新鲜玉米 2 段，排骨 100 克，牛蒡、胡萝卜各半根，盐适量。

做法：

1 排骨洗净，斩段，焯烫去血沫，用清水冲洗干净。

2 胡萝卜洗净，去皮，切块；牛蒡刷去表面的黑色外皮，切成小段。

3 把排骨、牛蒡段、胡萝卜块、玉米段放入锅中，加适量清水，大火煮开，转小火再炖至排骨熟透，出锅时加盐调味即可。

营养价值： 牛蒡营养丰富，有强壮筋骨、增强体力的功效。

麻酱豇豆

豇豆 钙 40 毫克
芝麻酱 维生素 E 35.09 毫克

原料： 豇豆 200 克，芝麻酱、蒜末、香油、白糖、醋、盐各适量。

做法：

1 豇豆切段，放入沸水中焯熟。将豇豆段捞出码盘。

2 将芝麻酱、蒜末、香油、白糖、醋、盐调成调味汁，淋在码好的豇豆段上即可。

营养价值： 芝麻酱富含蛋白质、氨基酸及多种维生素和矿物质，有很高的保健价值。芝麻酱含铁量高，经常食用不仅对调整偏食厌食有积极的作用，还能纠正和预防缺铁性贫血。

鸡丝凉面

花生 膳食纤维 5.5 克
黄瓜 硒 0.38 微克

原料： 面条 150 克，鸡脯肉 50 克，黄瓜 1/2 根，熟花生碎、芝麻酱、料酒、生抽、葱段、姜片、蒜末、醋、盐各适量。

做法：

1 黄瓜洗净切丝。鸡脯肉洗净，加水、葱段、姜片、料酒，大火煮至鸡肉熟烂。将鸡脯肉捞出，晾凉，撕成细丝。

2 芝麻酱、生抽、醋、盐、蒜末放入碗中，混合成酱汁。

3 将面条煮熟，过凉，沥干水分，将酱汁浇在面条上，码上黄瓜丝、鸡丝、熟花生碎即可。

营养价值： 鸡丝凉面清爽不油腻，花生碎和芝麻酱有补钙的作用。

鸭肉冬瓜汤

冬瓜 硒 0.22 微克
鸭子 钙 6 毫克

原料： 鸭子 1 只，冬瓜 100 克，姜片、盐各适量。

做法：

1 鸭子去内脏，处理干净；冬瓜洗净，去子，带皮切小块。

2 鸭子放冷水锅中大火煮 10 分钟，捞出，冲去血沫，放入汤锅内，倒入足量清水大火煮开。

3 放入姜片，略微搅拌后转小火煲 2 小时，关火前 10 分钟倒入冬瓜，煮软，加盐调味即可。

营养价值： 鸭肉有益于心脏健康，冬瓜有利湿消肿之效，两者搭配，非常适合备孕夫妻食用，而且还不会给身体增加负担。

猪肉酸菜包

猪肉 脂肪 37 克
酸菜 钙 48 毫克

原料：小麦面粉 500 克，猪肉 350 克，酸菜 100 克，猪油 20 克，香油、酱油、盐、葱花、姜末各适量。

做法：

1 酸菜洗净，切成丝；炒锅放猪油烧热后，将剁细的猪肉加酱油、盐翻炒至断生，出锅晾凉，再加葱花、姜末、香油及酸菜丝拌成馅。

2 将面和成面团，擀成面皮，放入调好的馅儿，包包子，上锅蒸 20 分钟即可。

营养价值：酸菜不但能增进食欲、帮助消化，还可以促进人体对铁的吸收。酸菜能够醒脾开胃，增进食欲，但是食用要适量。

燕麦花豆粥

大米 蛋白质 7.7 克
花豆 硒 19.05 微克

原料：燕麦、花豆各 30 克，大米 50 克，冰糖适量。

做法：

1 花豆洗净，浸泡 4 小时；大米淘洗干净。

2 将花豆、大米放入锅内，加适量清水用大火烧开后，转用小火煮 1 小时，快熟时加入冰糖即可。

营养价值：此粥有助于延缓碳水化合物对血糖的影响，丰富的膳食纤维可减轻饥饿感，对于超重的备孕女性来说可以适当食用来减轻体重。

第三章
提高受孕力

　　有些人简单地认为只要不避孕，就能很轻松地怀上宝宝，其实怀孕也是一项技术活，如果不了解生理规律，不积极调整饮食及养成良好的生活习惯，顺利的怀上宝宝也并不是一件容易的事情。那么夫妻双方都要重视起来，女性养好卵子，男性让精子变得更有活力，可以提高受孕力。

健康备孕免疫力很重要

让卵子保持年轻

对于备孕女性来说，卵巢健康就是受孕力的保障。随着年龄的增长，卵巢也会逐渐老化，女性想要保持受孕能力，甚至是提高受孕力，卵巢的保养就很重要。卵子质量会随着年龄增长而下降，一般女性38岁以后，卵子会老得更快。其实，卵子和卵巢的老化是必然的，但是我们可以尽可能地让这种老化来得慢些。

女怕身体过冷，血液循环会不顺畅，腹部经常受凉，可能会引起卵巢机能紊乱，所以要注意保暖。不要过度减肥，体重骤增或骤减，会影响到激素分泌。要减肥可以，但是要慢慢来，不能一下子减太多，否则会引起内分泌紊乱，影响卵子的分化和生长。注意解压，要适当释放压力，身体处于轻松状态，有利于卵子生长。保持规律生活，饮食均衡，尤其注意不要熬夜，早睡早起，有利于调节卵巢功能，给卵子更好的环境。不要吸烟也不要吸二手烟，香烟会增加不孕率。

准确掌握排卵时间

排卵期是通过女性的生理变化来确定的，有的女性在排卵期间会出现小腹疼痛的症状，有的女性则没有。备孕期间，女性除了可以根据自己感觉来确定排卵期以外，还可以通过排卵试纸来测试自己是否处于排卵期。也可以通过推算方法来测算，一般情况下，排卵期会在下次月经来前的12~16天，但这仅适于月经周期正常的女性。

前列腺发生病变。番茄红素还可以调节前列腺液，使其 pH 保持在 6~6.5，为精子提供舒适的活动环境，增强精子活性，提高男性生育能力。同样，番茄红素对女性也是有益处的。

男人要改掉的生活习惯

濫用药物对胎儿有影响：男性服用某些药物后，可经过血液进入睾丸，并随精液排出。精液中的药物又可经过阴道黏膜吸收，进入女性的血液循环，使胎儿的发育受到影响。

熬夜、抽烟、酗酒等生活习惯影响精子质量：研究发觉，相当数量的男性精子质量有问题，主要原因在于睡眠不足、抽烟、酗酒，还有部分原因则是由营养不良引起。

番茄红素有助提高精子质量

科学家曾经就番茄红素对男性不育的治疗作用进行过多次实验，研究发现番茄红素确实在治疗男性不育上有显著效果。服用番茄红素 3 个月后，实验参与者的精子浓度、质量、活力显著提高。科学家还发现番茄红素有助于清除令男性不育的有害化学物自由基。

番茄红素通过人体脂蛋白运输到全身各器官，在睾丸、前列腺处浓度最高。番茄红素能够清除自由基以及侵入前列腺的毒素，有效预防及治疗

吃吃喝喝，自然孕育

男性不育的原因之一是体内缺乏锌，缺锌会导致睾丸分泌激素过低，精子数量减少，所以受孕前男性应该多食富含锌的食物，例如猪瘦肉、鸡肉、海鲜以及谷物，钙和维生素 D 也能够帮助提高男性的生育能力。

增强受孕力食物推荐

中医认为，优质的卵子和精子都来源于肾，保养好自己的肾，从源头上减少胚胎停育、流产、先天不足等问题的发生。肾功能不足，常常表现为腰冷、脱发、白发、牙齿早脱、健忘、闭经或经血过少等。

牡蛎豆腐汤 p108 炝胡萝卜丝 p111 冬瓜腰片汤 p113 羊肉栗子汤 p114 桂圆粥 p115
番茄炖牛腩 p116 韭菜合子 p122 香酥鸽子 p125 香菜拌黄豆 p126 鳝鱼粥 p138

牡蛎

牡蛎富含蛋白质、锌、Ω-3脂肪酸及酪氨酸，胆固醇含量低。其中锌含量极高，有助改善男性性功能，促进精子的数量增加。牡蛎是高能量食物，可以迅速补充体力消除疲劳，恢复精力。

浆果

草莓、黑莓和蓝莓等浆果类富含花青素等，它能放松血管，增强私密部位的血液循环。

草莓

草莓富含丰富的氨基酸、果糖、蔗糖、葡萄糖、苹果酸、果胶、胡萝卜素及矿物质等，这些都有利于人体的生长发育。草莓中丰富的锌能调节睾丸酮，这对男性的精子生成量有重要的影响。

让男性精力十足

硒 86.64 微克

含大量果胶及纤维素

维生素 A5 微克

黑豆

黑豆含有丰富的优质蛋白、不饱和脂肪酸、胡萝卜素、膳食纤维、维生素、矿物质等，有补五脏、益脾补肾、抗氧化抗衰老的功效，还可以促进卵泡发育，补充雌性激素，非常适合备孕女性食用。

铁 5.2 毫克
含有丰富的不饱和脂肪酸

韭菜

韭菜又叫"起阳草"，性温，有补肾补阳的作用。韭菜中含有植物性芳香挥发油，具有增进食欲的作用，适当吃些韭菜，有益于身体健康。

番茄

番茄含有丰富的矿物质，维生素 A、维生素 C、番茄红素等生物活性物质常吃番茄可提高精子质量。而且番茄红素还是很好的抗氧化剂，能有效地清除自由基，起到抗癌、抑癌的作用。

独特的辛香气味能够增进食欲

补肾、暖宫

中医认为，优质的卵子和精子都来源于肾，保养好自己的肾，筛选出合格优质的卵子和精子。

核桃

中医素有食物"以形补形"的理论。核桃仁形似脑，故补脑，坚持吃核桃，头发、牙齿、眼睛都会比较好些，它可以补养肾脏，延缓衰老。

暖宫食物

所谓宫寒是指阳气亏虚，导致子宫失去阳气的温煦而出现的虚性寒冷的情况。在"宫寒"的环境下，胚胎是很难生存或发育下去的。

羊肉

经常吃羊肉会让体内的阳气自然充沛，羊肉是温性食物，而非热性。

姜

三餐前，喝一杯姜茶，可以化解食物中的寒凉性质，温煦体内的阳气。

牡蛎豆腐汤

牡蛎 铁 7.1 毫克
豆腐 维生素 E 2.71 毫克

原料： 牡蛎、豆腐各 200 克，葱、蒜、水淀粉、盐各适量。

做法：

1 牡蛎取肉，洗净，切成片；豆腐洗净，切块；葱切丝；蒜切片。

2 油锅烧热，放入蒜片煸香，加水烧开。

3 加入豆腐块、盐烧开；加入牡蛎肉片、葱丝煮熟。用水淀粉勾薄芡即可。

营养价值： 牡蛎是补肾佳品，对于阴虚引起的失眠、头晕、头痛等症状有很好的缓解作用。对于备育男性来说是非常理想的食物。

小米海参粥

干海参 蛋白质 50.2 克
小米 硒 4.71 微克

原料： 海参干 20 克，小米 80 克，枸杞子、盐各适量。

做法：

1 海参干泡发，去内脏，洗净，切小段。

2 小米淘洗干净，浸泡 4 小时，加适量水和海参一起煮粥。

3 待粥快煮熟时，放入枸杞子，小火略煮片刻，加盐调味即可。

营养价值： 海参中微量元素钒的含量居各种食物之首，可参与血液中铁的输送，净化血液中的毒素，是很适合备孕期间食用的滋补食物。

银耳鹌鹑蛋

银耳 硒 25.48 微克
鹌鹑蛋 蛋白质 12.8 克

原料： 银耳 15 克，鹌鹑蛋 50 克，冰糖适量。

做法：

1 将银耳泡发，放入碗中加清水上锅蒸熟；将鹌鹑蛋煮熟剥壳。

2 砂锅中放入冰糖和水，煮开后放入银耳、鹌鹑蛋，稍煮即可。

营养价值： 银耳中富含多糖类、维生素和微量元素，对身体十分有益，特别是对于备育男性来说，是养精蓄锐的补养佳品。

松子海带汤

松子 蛋白质 13.4 克
海带 维生素 E 1.85 毫克

原料： 松子 50 克，水发海带 100 克，鸡汤、盐各适量。

做法：

1 松子用清水洗净，水发海带洗净，切成细丝。

2 锅置火上，放入鸡汤、松子、海带丝，用小火煨熟，加盐调味即成。

营养价值： 松子中的锌含量较高，多食用松子不仅对前列腺有好处，还能提高精子质量以及数量，对于备育男性来说是可以经常食用的。

糯米香菇饭

糯米 硒 2.71 微克
香菇 硒 2.58 微克

原料：糯米 50 克，猪里脊肉 100 克，鲜香菇 6 朵，姜末、虾仁、料酒、盐、酱油各适量。

做法：

1 糯米用清水浸泡 2 小时，猪肉、香菇洗净切细丝。

2 在电饭煲中倒入油，放入姜末、猪肉丝，略炒至变色，放虾仁、香菇、料酒、酱油、盐，然后把糯米倒入锅中，加入水，蒸熟即可。

营养价值：糯米中含锌，与其他谷物相比，锌含量较高，备育男性经常食用可以增强精子活力。而且香香的糯米饭会提升食欲，让人胃口大开。

牡蛎米粥

牡蛎 锌 9.39 毫克
小米 磷 229 毫克

原料：牡蛎 200 克，小米 50 克，姜丝、酱油、盐各适量。

做法：

1 把小米淘净，加适量水，煮成粥。

2 牡蛎在盐水中泡 20 分钟，洗净，倒入粥锅，加酱油、姜丝、盐,调匀，用小火将牡蛎煮熟。

营养价值：牡蛎富含锌和优质蛋白质，营养丰富，容易消化，常食牡蛎会增加男性精子活力。牡蛎的多种食用方法，会让备育男性有更多的选择。

炝胡萝卜丝

胡萝卜 胡萝卜素 4010 微克
胡萝卜 钙 32 微克

原料：胡萝卜 200 克，香油、花椒、盐各适量。

做法：

1 胡萝卜洗净、去皮，切成细丝，用开水烫一下，捞出沥干水分，备用。

2 锅中放香油烧热，下花椒炸出香味，趁热将油浇在胡萝卜丝盘中，加盐，拌匀即可。

营养价值：胡萝卜能提供丰富的可转变成维生素 A 的胡萝卜素及膳食纤维，对备育男性有很好的食疗效果，可以增强精子活力。

银耳樱桃粥

樱桃 维生素 C 10 毫克
银耳 磷 369 毫克

原料：银耳 20 克，樱桃 5 个，大米 50 克，糖桂花、冰糖各适量。

做法：

1 银耳泡软，洗净，撕成片；樱桃洗净；大米洗净。

2 锅中加适量清水，放入大米熬煮。

3 待米粒软烂时，加入银耳片和冰糖稍煮，放入樱桃，加糖桂花拌匀即可。

营养价值：樱桃既可防治缺铁性贫血，又可增强体质、健脑益智，非常适合备孕女性食用。银耳中的有效成分酸性多糖类物质，能增强人体的免疫力。

黑豆糯米粥

黑豆 钙 224 毫克
糯米 磷 113 毫克

原料: 黑豆 30 克、糯米 60 克。

做法:

1 将黑豆、糯米洗干净,放在锅内,泡 4 小时。

2 加水适量,用温火煮成粥即可。

营养分析: 根据中医理论,豆乃肾之谷,黑色属水,水走肾,所以黑豆入肾。此粥有增强活力、滋补肾脏的作用。无论是男性还是女性,都可以适当食用。

橘子苹果汁

橘子 胡萝卜素 890 微克
苹果 钙 4 毫克

原料: 橘子 1 个,苹果半个,胡萝卜半根,蜂蜜适量。

做法:

1 将橘子、苹果、胡萝卜切成块。

2 加适量蜂蜜,放入榨汁机中榨汁即可。

营养分析: 橘子的营养丰富,富含叶酸、膳食纤维、胡萝卜素、维生素 C 以及枸橼酸等营养物质,是备孕期营养食物的好选择。

冬瓜腰片汤

冬瓜 磷 12 毫克
猪腰 硒 156.77 微克

原料:冬瓜 100 克, 猪腰 1 个, 淮山、黄芪各 20 克, 香菇 6 朵, 鸡汤、姜末、葱末、盐各适量。

做法:

1 冬瓜、淮山均洗净, 冬瓜去瓤, 削皮切块; 香菇泡软去蒂; 猪腰平片成两块, 去净油皮和腰臊, 然后洗净切片, 用热水余烫。

2 将鸡汤倒入锅中加热, 放姜末、葱末后加入黄芪、冬瓜, 用中火煮 40 分钟, 再放猪腰、香菇、淮山, 煮熟后用小火再煮片刻, 加盐调味即可。

营养分析:冬瓜腰片汤有清热、消肿、强肾、降压的作用, 是备育男性增强体质的进补佳品。

莲子猪肚汤

莲子 锌 2.78 毫克
猪肚 硒 12.76 微克

原料:猪肚 1 只, 莲子 50 克, 盐、姜片、葱段各适量。

做法:

1 将猪肚洗净, 热水烫去表面黏液, 放入莲子, 两端扎紧, 放入砂锅中。

2 锅中放入适量水、姜片、葱段, 煮开后转小火炖至猪肚熟烂, 加入盐调味即可。

营养分析:此汤有健脾、补虚、益气的作用, 适用于脾虚导致的排卵功能障碍性不孕症, 备孕女性食用一些猪肚, 也会增强身体素质。

羊肉栗子汤

羊肉磷146毫克
栗子钙17毫克

原料： 羊肉250克，栗子50克，枸杞子20克，盐适量。

做法：

1 将羊肉洗净，切块；栗子去壳，切块；枸杞子洗净，备用。

2 锅内加水适量，放入羊肉块、栗子、枸杞子，大火烧沸，撇去浮沫，改用小火煮20分钟，用盐调味即可。

营养价值： 羊肉中含有多种营养成分，具有很高的营养价值，能够滋阴补阳、补虚温中、补血温经，对于女性血虚、宫寒所致的腹部冷痛有很好的食疗功效。

红枣黑豆炖鲤鱼

黑豆硒6.79微克
红枣钙64毫克

原料： 鲤鱼1条，黑豆50克，红枣5颗，姜片、料酒、盐、胡椒粉各适量。

做法：

1 将鲤鱼剖洗干净，用料酒、姜片腌渍待用。

2 把黑豆放入锅中，用小火炒至豆衣裂开，取出。

3 将鲤鱼、黑豆、红枣一起放入炖盅内，加入适量沸水，用中火隔水炖2小时，放入胡椒粉、盐拌匀即可。

营养价值： 黑豆能增强消化功能，促进骨髓造血，起到改善贫血的作用，肾虚、血虚者多吃有益。备孕期间食用还可防老抗衰、增强活力。

桂圆粥

桂圆肉 硒 3.28 微克
大米 钾 97 毫克

原料：桂圆肉 30 克，大米 50 克。

做法：

1 将桂圆肉清洗干净，待用。

2 将清水烧开，放入桂圆肉和大米，改为小火炖 30 分钟，至大米熟烂即可。

营养价值：桂圆益心脾、补气血，尤其适合气虚不足、心血亏虚、心悸失眠的女性。如果有贫血的症状，如面色无光泽、疲乏无力、没有食欲、大便稀等，可以用桂圆和红枣一起煮粥来调理。

牛奶红枣粥

牛奶 镁 11 毫克
红枣 硒 1.02 微克

原料：大米 50 克，牛奶 250 毫升，红枣 5 颗。

做法：

1 大米洗净；红枣去核，洗净。

2 将大米放入锅中，加适量水，大火煮沸，转小火熬至大米绵软。加入牛奶和红枣，小火慢煲至牛奶烧沸，粥浓稠即可。

营养价值：牛奶不仅含有丰富的优质蛋白质、钙，还富含维生素 B_1，对缓解焦虑有很好的作用，有利于备受孕夫妻缓解压力。

鲜虾冬瓜汤

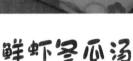

虾 硒 33.72 微克
冬瓜 钾 78 毫克

原料：鲜虾 300 克，冬瓜 500 克，鸡蛋（取蛋清）2 个，上汤、姜片、盐、白糖、香油各适量。

做法：

1 鲜虾洗净，去虾线，隔水蒸 8 分钟，取出虾肉。

2 冬瓜洗净，去皮切片，与姜片及上汤同煲 15 分钟。

3 放入虾肉，加盐、白糖、香油，淋入蛋清即成。

营养价值：虾类的补益作用和药用价值均较高，虾性温，有壮阳益肾、补精、通乳的作用。凡是体虚、气短乏力、饮食不思、羸瘦的人，都可将它作为滋补食物，尤其是备孕夫妻可以经常食用。

番茄炖牛腩

番茄 钙 10 毫克
洋葱 钾 147 毫克

原料：牛腩 250 克，番茄 2 个，洋葱 1 个，盐适量。

做法：

1 牛腩切成小块，用开水余一下，捞出备用。

2 番茄、洋葱分别洗净，切块，一同放入汤锅中。

3 加适量水，大火煮开后，放入牛腩，转小火继续煲 2 小时。出锅前加盐，再煲 10 分钟即可。

营养价值：番茄加热后番茄红素的活性会有所提高，番茄红素具有抗氧化功能，可以增强人体免疫力，是保护男性前列腺的营养成分之一，适合备育男性食用。

栗子糕

栗子 硒 1.13 微克
栗子 蛋白质 4.2 克

原料： 栗子 200 克，白糖、糖桂花各适量。

做法：

1 栗子煮熟，剥去外皮。

2 将煮透的栗子捣成泥，加入白糖、糖桂花，搓成栗子面，擀成长方形片，在表面撒上一层糖桂花，压平，将四边切齐，再切成块，码在盘中。

营养价值： 栗子是碳水化合物含量较高的食物，能供给人体较多的热量，并能帮助脂肪代谢，具有益气健脾，厚补胃肠的作用，可以为备孕夫妻提供身体所需要的能量。

南瓜香菇包

南瓜 胡萝卜素 890 微克
糯米 铁 1.4 毫克

原料： 南瓜半个，糯米粉半碗，藕粉 2 小匙，香菇 3 朵，酱油、白糖各适量。

做法：

1 南瓜去皮、煮熟、压碎，加入糯米粉和用热水拌匀的藕粉，揉匀；香菇洗净、切丝。

2 将锅中倒油，下香菇炒香，加入酱油、白糖制成馅。

3 将揉好的南瓜糯米团分成 10 份，擀成包子皮，包入馅料，放入蒸锅内蒸 10 分钟即可。

营养价值： 香菇中含不饱和脂肪酸甚高，对于增强抗疾病和预防感冒及治疗有良好效果。香菇和含维生素 C 的南瓜同食，可以促进铁的吸收。

金枪鱼手卷

金枪鱼 蛋白质 26.4 克
金枪鱼 钙 12 毫克

原料： 米饭 100 克，金枪鱼 80 克，海苔 1 张，紫苏叶、苦苣、芥末各适量。

做法：

1 苦苣、金枪鱼切成 1 厘米宽的段；海苔切成两半。

2 将半张海苔放在手上，在海苔一角铺上少许米饭，压紧。

3 饭上铺紫苏叶，挤芥末在上面，摆上金枪鱼段、苦苣，从摆有食物的一侧卷起，卷紧呈圆锥形。

4 用米饭将海苔粘住，底部的海苔向内折，粘住寿司饭即可。

营养价值： 金枪鱼中含有丰富的氨基酸，可以补充氨基酸，还有助于防紫外线辐射。

牛肉土豆饼

土豆 钾 342 毫克
牛肉 磷 168 毫克

原料： 土豆 200 克，牛肉末 50 克，鸡蛋 1 个，葱花、盐、香油、生抽、面粉、淀粉各适量。

做法：

1 土豆去皮洗净切块，蒸熟后捣成泥；牛肉末加香油、生抽、淀粉、葱花抓匀。

2 将土豆泥加入牛肉馅中，加鸡蛋、盐、面粉拌匀成面糊。

3 油锅烧热，放入量适中的面糊，煎至两面金黄即可。

营养价值： 牛肉对增长肌肉、增强力量特别有效，会让备育男性体力更强。这道主食可以为备孕夫妻提供充足的能量。

海带炒干丝

干海带 钙 348 毫克
豆腐干 磷 273 毫克

原料：海带1片，豆腐干1块，盐适量。

做法：

1 海带用水泡透，洗净后切成丝；豆腐干切细丝。

2 炒锅加油烧热时，先入豆腐干丝翻炒，再放入海带丝，加盐、清水煮10分钟，出锅前加盐调味即可。

营养价值：海带和豆腐都能预防脂肪在动脉壁沉积，常食海带和豆腐，有利于降压，对于血压轻微超标的备孕女性来说，可以选择该菜品进行食疗，而且对于预防妊娠高血压也非常有利。

黄豆猪蹄汤

黄豆 钙 191 毫克
猪蹄 硒 5.85 微克

原料：黄豆200克，猪蹄2只，清汤、葱段、姜块、盐、黄酒各适量。

做法：

1 猪蹄刮洗干净，劈成两半。黄豆洗净，泡涨。

2 砂锅内上火，倒入清汤，放入猪蹄、黄豆、葱段、姜块、黄酒。

3 大火烧开，撇去浮沫，小火煨炖至猪蹄软烂，加入盐调味即可。

营养价值：黄豆含有丰富的维生素及蛋白质；猪蹄可以健胃，活血。当体力透支，身体不适时，可食用这款汤，增加体力。

西芹腰果

西芹 磷 50 毫克
腰果 硒 34 微克

原料: 西芹 200 克,腰果 50 克,彩椒丝、盐各适量。

做法:

1 西芹洗净,切段。油锅烧热,放入腰果,炒熟,盛出。

2 放入西芹段翻炒,加适量盐,待西芹炒熟后,放入腰果,翻炒几下,放入彩椒丝点缀即可。

营养价值: 腰果中含有丰富的蛋白质,可以提高机体抗病能力,因为腰果的油脂含量较多,经常食用可增加体重。对于那些很想增重的备孕女性,食用腰果是个不错的选择。

人参莲子粥

莲子 铁 3.6 毫克
黑芝麻 铁 22.7 毫克

原料: 人参 10 克,莲子 10 颗,大米 50 克,黑芝麻、冰糖各适量。

做法:

1 用水将人参浸润后,切成薄片。莲子去心,淘洗干净,用水浸泡 3 小时。

2 大米淘洗干净,和人参片、莲子一同加水熬煮。

3 待粥熟后,加适量冰糖化开,搅拌均匀,撒入黑芝麻即可。

营养价值: 此粥具有大补元气、开窍益智的功效,不仅能助脾排毒,还能增强体质。但人参是大补之物,不宜过多食用。

鲇鱼炖茄子

鲇鱼 铁 21毫克
茄子 磷 23毫克

原料： 鲇鱼1条，茄子200克，葱段、姜丝、白糖、黄酱、盐各适量。

做法：

1 鲇鱼处理干净；茄子洗净，切条。

2 油锅烧热，下葱段、姜丝炝锅，然后放黄酱、白糖翻炒。

3 加适量水，放入茄子条和鲇鱼，炖熟后，加盐调味即可。

营养价值： 鲇鱼不仅含有丰富的营养，而且肉质细嫩，含有的蛋白质和脂肪较多，对体弱虚损、营养不良的备孕女性有较好的食疗作用。鲇鱼还是催乳的佳品，并有滋阴养血、补中气、开胃、利尿的作用。

菠萝虾仁炒饭

虾仁 锌 2.38毫克
豌豆 硒 1.69微克

原料： 虾仁80克，豌豆30克，米饭150克，菠萝50克，蒜末、盐、香油各适量。

做法：

1 虾仁洗净；菠萝取果肉切小丁，用盐水浸泡5分钟；豌豆洗净，入沸水焯烫。

2 油锅烧热，爆香蒜末，加入虾仁炒至八成熟，加豌豆、米饭、菠萝丁快炒至饭粒散开，加盐、香油调味。

营养价值： 虾仁含有的蛋白质、维生素较多，与菠萝一起炒饭，独特的味道会提升食欲，可为备孕夫妻提供充足的碳水化合物。

韭菜合子

韭菜 硒 1.38 微克
海米 蛋白质 43.7 克

原料： 韭菜 400 克，面粉 500 克，猪肉末 100 克，鸡蛋 3 个，海米、宽粉、姜、料酒、盐各适量。

做法：

1 鸡蛋打散，炒成碎末。姜切末；宽粉加适量水煮烂；韭菜洗净，切碎。

2 将除面粉外的所有材料及调味料放在盆中，搅拌均匀成馅料。

3 温水和面，擀成薄皮。包好馅料，放入油锅中，小火煎至两面金黄。

营养价值： 韭菜性温，味辛，具有补肾起阳作用，可以作为阳痿、遗精、早泄等病症的食疗食材，备育男性经常食用韭菜是很有好处的。

香菇娃娃菜

娃娃菜 蛋白质 1.9 克
香菇 镁 11 毫克

原料： 娃娃菜 300 克，香菇 30 克，蒜、白糖、盐各适量。

做法：

1 娃娃菜洗净，去根；蒜切碎，剁成蒜蓉。香菇洗净，切块。

2 油锅烧热，爆香蒜蓉和香菇块，放入娃娃菜翻炒。

3 转小火，加适量水焖煮，然后加入盐、白糖调味即可。

营养价值： 香菇味甘，性平，有扶正补虚、健脾开胃、祛风透疹、化痰理气的功效。此外，香菇能降低血脂，是备育男性补充体力的好食材。

海参豆腐煲

干海参 硒 150 微克
豆腐 镁 27 毫克

原料： 海参干1只，猪肉末80克，豆腐1块，胡萝卜片、黄瓜片、葱段、酱油、姜片、盐、料酒各适量。

做法：

1 将海参泡发好，处理干净，以沸水加料酒和姜片汆烫，切寸段；猪肉末加盐、酱油、料酒做成丸子；豆腐切块。

2 海参段放进锅内，加适量清水，放葱段、姜片、盐、料酒煮沸，加入丸子和豆腐块，与海参一起煮至熟烂，最后加胡萝卜片、黄瓜片稍煮。

营养价值： 这道海参豆腐煲富含蛋白质、钙和维生素，能帮助备孕夫妻补充丰富的营养素。

口蘑肉片

猪瘦肉 锌 2.3 毫克
口蘑 钙 169 毫克

原料： 猪瘦肉150克，口蘑100克，葱末、盐、香油各适量。

做法：

1 猪瘦肉洗净后切片，加盐拌匀；口蘑洗净，切片。

2 油锅烧热，爆香葱末，放入猪瘦肉片翻炒，再放入口蘑片炒匀，加盐调味，最后滴几滴香油即可。

营养价值： 口蘑中的硒含量非常丰富，能够有效地提高机体免疫力，有强身补虚的作用。而且口蘑中含有大量的维生素D，能很好地预防骨质疏松症。

葡萄柚芹菜汁

芹菜 钾154 毫克
胡萝卜 硒 2.8 微克

原料： 芹菜1根，葡萄柚1/2个，胡萝卜50克。

做法：

1 芹菜洗净，切段。胡萝卜、葡萄柚分别洗净，去皮，切成小块。

2 将芹菜段、胡萝卜块、葡萄柚块放入榨汁机，加适量温开水榨汁即可。

营养价值： 研究发现，每天饮用葡萄柚汁的人很少出现呼吸系统疾病。尤其出现感冒、喉咙疼痛等症状时，此饮更能起到缓解作用，备孕期间可以适当饮用。

玉竹炒藕片

藕 钙39 毫克
胡萝卜 磷 16 毫克

原料： 玉竹3根，莲藕1节，胡萝卜1/2根，盐、姜汁各适量。

做法：

1 玉竹洗净，去根须切段，焯熟，沥干；莲藕去皮洗净，切片，焯水；胡萝卜洗净，切片。

2 锅中放油烧热，倒入藕片、玉竹段、胡萝卜片炒熟，加盐、姜汁翻炒均匀，装盘即可。

营养价值： 莲藕健脾开胃、益血生肌、止泻；玉竹养阴润燥、生津止渴，二者同食，适合有轻微高血压的备育男性食用。

香豉牛肉片

牛肉 铁 3.3 毫克
芹菜 胡萝卜素 60 微克

原料： 牛肉 200 克，芹菜 100 克，鸡蛋清、姜末、盐、豆豉、淀粉、高汤各适量。

做法：

1 牛肉洗净，切片，加盐、鸡蛋清、淀粉拌匀；芹菜择洗干净，切段。

2 油锅烧热，下牛肉片滑散至熟，捞出。

3 锅中留底油，放入豆豉、姜末略煸，倒入芹菜段翻炒，放入高汤和牛肉片炒至熟透。

营养价值： 牛肉含有丰富的维生素 B_6，可以增强人体免疫力，促进蛋白质的合成和代谢，从而有助于高强度工作后身体的恢复。

香酥鸽子

鸽子 蛋白质 16.5 克
鸽子 硒 11.08 微克

原料： 鸽子 1 只，姜片、葱、盐、料酒各适量。

做法：

1 鸽子收拾干净；葱洗净，只取葱白，切段。

2 用盐揉搓鸽子表面，鸽子腹中加葱白段、姜片、料酒，上笼蒸烂，拣去姜片、葱白段。

3 油锅烧热，放入鸽子炸至表皮酥脆，捞出装盘即可。

营养价值： 乳鸽的骨内含有丰富的软骨素，经常食用，具有改善皮肤细胞活力，增强皮肤弹性，改善血液循环，面色红润等功效，备孕女性气色好，相信"好孕"也会很快到来。

尖椒炒鸭血

鸭血 蛋白质 13.6克
尖椒 铁 0.7毫克

香菜拌黄豆

黄豆 维生素E 18.9毫克
香菜 钙 101毫克

原料： 鸭血1块，尖椒1个，蒜、料酒、酱油、盐各适量。

原料： 香菜20克，黄豆50克，花椒、生姜、香油、盐各适量。

做法：

1 鸭血和尖椒分别洗净，切小块；蒜切末；鸭血在开水中焯一下去腥味。

2 锅中倒油，八成热后，倒入尖椒和蒜末；翻炒几下后倒入鸭血，继续翻炒2分钟。

3 最后加入适量料酒、酱油、盐。

营养价值： 鸭血含铁量高，营养丰富，有补血、护肝、清除体内毒素、滋补养颜的功效，为备孕夫妻增加身体活力。

做法：

1 黄豆洗净，用水浸泡6小时以上；生姜切片。

2 将泡好的黄豆加花椒、姜片、盐煮熟，晾凉。

3 香菜洗净，切段，拌入黄豆中，加香油调味即可。

功效分析： 香菜味辛，具有辛香升散的功效，能助肺、脾排毒。在家常菜中加一点香菜就能提味，常吃能促进食欲，有助于开胃醒脾。

三色补血汤

莲子 蛋白质 17.2 克
银耳 钾 1588 毫克

原料： 南瓜半个，莲子6颗，红枣4颗，银耳10克，红糖适量。

做法：

1 南瓜洗净，去瓤，带皮切成块；莲子剥去苦心，红枣去除枣核，洗净备用；银耳泡发后，撕成小朵。

2 将南瓜、莲子、红枣、银耳和红糖一起放入砂煲中，加入适量温水，大火烧开后转小火慢慢煲煮约30分钟即可。

营养价值： 银耳能提高肝脏解毒能力，保护肝脏，增强机体免疫能力；银耳富含维生素D，能防止钙的流失。此汤清热补血，养心安神，是备孕女性补血养颜的佳品。

三鲜水饺

木耳 钾 757 毫克
虾仁 蛋白质 18.6 克

原料： 猪肉200克，海参1只，虾仁、木耳各100克，饺子皮、葱末、姜末、香油、酱油、料酒、盐各适量。

做法：

1 猪肉洗净，剁成碎末，加适量清水，搅打至黏稠，再加洗净切碎的海参、虾肉、木耳，然后放入酱油、料酒、盐、葱末、姜末和香油，拌匀成馅。

2 饺子皮包上馅料，包成饺子；下锅煮熟即可。

营养价值： 饺子馅用多种原料制成，营养丰富，含钙丰富，对于饮食不规律的备孕夫妻来说，可以当成早餐或者是晚餐食用，补充营养。

黑米糊

黑米 硒 3.2 微克
红豆 钙 74 毫克

原料：黑米 50 克，红豆 30 克，栗子 25 克，白糖适量。

做法：

1 红豆浸泡 10 小时；栗子去壳洗净。黑米淘洗干净，浸泡 2 小时。

2 将红豆、栗子、黑米一同放入豆浆机，加水至上下水位线之间。

3 煮熟后用碗盛出，加适量白糖调味即可。

营养价值：黑米有滋阴补肾、健脾开胃、补中益气等功效，同时也能很好改善贫血以及神经衰弱的状况。红豆可以健脾益胃、通气除烦、益气补血、清热利尿。二者搭配食用可以补气养血、滋阴益肝。

桂花糯米藕

糯米 锌 1.54 毫克
藕 硒 0.39 微克

原料：莲藕 1 节，糯米 50 克，糖桂花适量。

做法：

1 糯米洗净；莲藕去皮，切去一头约 3 厘米做盖用，将糯米塞入莲藕孔，再将切下的莲藕盖封上，插上牙签固定。

2 将莲藕放入锅中，加水煮 30 分钟。出锅后切片，淋上糖桂花即可。

营养价值：莲藕含铁量较高，故对缺铁性贫血的备孕女性颇为适宜。莲藕的含糖量不算很高，又含有大量的维生素 C 和膳食纤维，对于身体虚弱的备育男性很有益处。桂花糯米藕味甜清香，糯韧不黏，是良好的祛暑食物。

红烧鳝鱼

鳝鱼 蛋白质 18 克
鳝鱼 硒 34.56 微克

原料： 鳝鱼 250 克，蒜蓉、葱花、酱油、盐各适量。

做法：

1 鳝鱼宰杀后去内脏、洗净，切成 3 厘米长的段。

2 起油锅，放油烧热后，先入蒜蓉，随即倒入鳝鱼段，翻炒 3 分钟，再焖烧 3 分钟；加盐、酱油、冷水 1 大碗，继续焖烧 20 分钟，至汁水快干时，撒入葱花，盛出。

营养价值： 鳝鱼中丰富的二十二碳六烯酸（DHA）和卵磷脂，可促进大脑的发育。

鳗鱼饭

鳗鱼 硒 33.66 微克
笋 钙 9 毫克

原料： 鳗鱼 150 克，笋片 50 克，青菜 150 克，米饭 1 碗，盐、料酒、酱油、白糖、高汤各适量。

做法：

1 鳗鱼洗净，放入盐、料酒、酱油腌制半小时；笋片、青菜洗净。

2 把腌制好的鳗鱼放入烤炉里，温度调到 180℃，烤熟。

3 油锅烧热，放入笋片、青菜略炒，放入烤熟的鳗鱼，加入高汤、酱油、白糖，待锅内的汤几乎收干了即可出锅，摆在米饭上即可。

营养价值： 鳗鱼含有丰富的蛋白质、钙、磷和维生素等营养成分，非常适合备孕女性食用。

木耳炒鸡蛋

鸡蛋 脂肪 8.8 克
木耳 硒 3.72 微克

原料：鸡蛋 2 个，木耳 50 克，葱花、香菜末、盐各适量。

做法：

1 将水发木耳择洗干净，沥水；将鸡蛋打入碗内备用。

2 油锅烧热，将鸡蛋炒熟后备用。

3 锅留底油，将木耳放入锅内炒几下，再放入鸡蛋，加入盐、葱花、香菜末调味即可。

营养价值：鸡蛋含有丰富的蛋白质、脂肪、维生素和铁、钙、钾等人体所需要的矿物质，蛋白质为优质蛋白，对于生活不规律、工作压力大的备育男性来说，每天要保证食用 1 个鸡蛋。

三文鱼芋头三明治

三文鱼 硒 17.2 微克
芋头 钙 36 毫克

原料：三文鱼肉 50 克，芋头 2 个，面包片 2 片，番茄片、盐各适量。

做法：

1 三文鱼肉蒸熟捣碎；芋头蒸熟，去皮捣碎，加三文鱼碎、盐拌匀。

2 将两片面包片中夹入三文鱼芋头泥和番茄片，切成三角形即可。

营养价值：芋头中的黏液有预防脂肪沉积的作用，还能改善肠胃的消化功能。芋头是低热量食物，含有丰富的 B 族维生素，可促进细胞再生，保持血管弹性。芋头含有的碳水化合物成分，易于被身体吸收，可改善消化功能。

核桃仁紫米粥

紫米 铁 3.9 毫克
枸杞子 锌 1.48 毫克

原料：紫米、核桃仁各 50 克，枸杞子 10 克。

做法：

1 将紫米淘洗干净，浸泡 30 分钟。核桃仁掰碎；枸杞子拣去杂质，洗净。

2 将紫米放入锅中，加适量水。大火煮沸后，转小火继续煮 30 分钟。

3 放入核桃仁碎与枸杞子，继续煮 15 分钟即可。

营养价值：紫米和黑米都有补肾的功效，但紫米易好消化和吸收，而且紫米富含膳食纤维，能够降低血液中胆固醇的含量。

桑葚粥

桑葚 硒 5.65 微克
糯米 钾 137 毫克

原料：桑葚 50 克，糯米 100 克，冰糖适量。

做法：

1 桑葚洗净；糯米洗净，浸泡 2 小时。

2 锅置火上，放入糯米和适量水，大火烧沸后改小火熬煮。

3 待粥煮至熟烂时，放入桑葚，稍煮。出锅前放入冰糖，搅拌均匀即可。

营养价值：桑葚能补肝滋肾、益血明目、祛风湿、解酒毒，对肝肾阴虚所致的视力减退、耳鸣、身体虚弱、神经衰弱等症状有很好的疗效。

香蕉蜂蜜粥

大米 膳食纤维0.6克
香蕉 胡萝卜素60微克

原料: 香蕉1根,大米100克,蜂蜜适量。

做法:

1 香蕉去皮,切块;大米淘洗干净。

2 将大米放入锅中,加适量水,大火煮沸,调至小火,煮15分钟。

3 放入香蕉块,煮5~10分钟;出锅后晾温,加入适量蜂蜜即可。

营养价值: 香蕉富含钙、镁,还含有丰富的酪氨酸和色氨酸,有助于缓解备孕夫妻的焦虑、忧虑、烦躁等情绪。

鸡肝粥

鸡肝 铁12毫克
大米 钠2.4毫克

原料: 鸡肝100克,大米50克,葱花、姜末、盐各适量。

做法:

1 鸡肝洗净,切片;大米洗净。

2 鸡肝片与大米同放锅中,加清水适量,煮为稀粥;待粥好时放入葱花、姜末、盐,稍煮即可。

营养价值: 鸡肝中铁质丰富,是补血食物。动物肝脏中维生素A的含量高,具有维持正常生长和生殖功能的作用,能保护眼睛,维持正常视力,防止眼睛干涩、疲劳,对于用眼过度的备孕夫妻来说是非常有益的。

双鲜拌金针菇

金针菇 钾 195 毫克
鱿鱼 钙 44 毫克

原料： 金针菇、鲜鱿鱼、熟鸡脯肉各 100 克，姜片、盐、高汤、香油各适量。

做法：

1 金针菇择洗干净，入沸水锅中余熟。

2 鲜鱿鱼去净外膜，切细丝，与姜片一并下沸水锅余熟。

3 将熟鸡脯肉切细丝，下沸水锅余烫一下后捞出沥干。

4 将全部食材放入碗中，加高汤、盐、香油拌匀即可。

营养价值： 金针菇富含蛋白质、膳食纤维、多糖、氨基酸及微量元素等人体不可缺少的营养成分，经常食用能够帮助备孕夫妻提高免疫力。

红豆饭

红豆 磷 305 毫克
黑芝麻 锌 6.13 毫克

原料： 红豆 50 克，大米 100 克，熟黑芝麻适量。

做法：

1 红豆洗净，加入水煮开后，调成中火煮 10 分钟后熄火待凉。

2 大米洗净沥干，与红豆连汤混合泡 1 小时左右，入电饭锅蒸熟，撒上黑芝麻即可。

营养价值： 红豆富含铁，可使女人气色红润。多吃红豆，有补血、促进血液循环的效果，兼具补充经期营养、舒缓痛经的作用，非常适合宫寒的备孕女性食用。

杜仲猪肝汤

猪肝 钙 6 毫克
猪肝 硒 19.21 微克

原料： 杜仲 5 克，猪肝 100 克，红枣、清汤、姜片、盐各适量。

做法：

1 杜仲洗净；猪肝洗净，切片，焯水。

2 锅置火上，倒入清汤、杜仲、猪肝、红枣和姜片，大火烧开后转小火炖 30 分钟，放盐调味即可。

营养价值： 杜仲能补肝肾之阳，可治疗肝肾不足所致的腰膝乏力和遗精。还有一定的安胎功效。杜仲与富含多种矿物质和微量元素的猪肝搭配食用，具有补肝明目的食疗作用。

鸡脯扒小白菜

小白菜 维生素 A 280 微克
鸡肉 铁 1.4 毫克

原料： 小白菜 300 克，鸡胸肉 200 克，牛奶、盐、葱花、淀粉、料酒各适量。

做法：

1 小白菜去根、洗净，切成 5 厘米长的段，用开水焯烫，捞出过凉水；鸡胸肉洗净，切小条，放入开水中汆烫，捞出。

2 油锅烧热，下葱花炝锅，烹料酒，加入盐，放入鸡胸肉条和小白菜段和牛奶，烧沸后用淀粉勾芡即可。

营养价值： 鸡胸肉含有丰富的蛋白质、钙、磷、铁、烟酸和维生素 C，营养充足又能缓解备孕女性的焦虑情绪。

山药扁豆糕

山药 硒 0.55 微克
红枣 铁 2.3 微克

原料： 山药、红枣各 200 克，扁豆 50 克，陈皮、糯米粉各适量。

做法：

1 山药洗净煮熟后去皮，切成泥；红枣去核，对半切开；陈皮切丝；扁豆煮熟透，碾成泥状，备用。

2 将山药泥和扁豆泥、糯米粉加水搅拌成糊状，放入碗中；将红枣、陈皮丝撒入碗中，大火蒸 15 分钟。山药扁豆糕微温后，切块即可。

营养价值： 山药具有滋补细胞、强化内分泌、补益强壮、增强机体造血功能等作用，可增强机体免疫功能，提高抗病能力，备孕夫妻身体好，孕育的宝宝更健康。

香蕉煎饼

香蕉 钾 256 毫克
玉米面 钙 12 毫克

原料： 香蕉 1 根，鸡蛋 1 个，面粉 1 杯，玉米面 1/2 杯，黄油、白糖各适量。

做法：

1 将 1 杯清水倒入大碗内，加入 1 杯面粉、半杯玉米面，用打蛋器搅成面糊。再加入白糖和鸡蛋，继续用打蛋器搅拌均匀。

2 香蕉去皮，捣碎，放入面糊中拌匀。

3 平底锅中加黄油，舀一大勺香蕉面糊放入，烙成两面金黄的煎饼即可。

营养价值： 香蕉含有丰富的维生素和矿物质，从香蕉可以摄取多种营养素。其中，香蕉含有的镁元素具有消除疲劳的效果。

干煸菜花

五花肉 硒 2.22 微克
菜花 磷 47 毫克

原料： 菜花 300 克，五花肉 50 克，青椒、红椒各半个，干辣椒段、葱末、姜末、蒜末、生抽、盐各适量。

做法：

1 将青椒、红椒洗净，切块；五花肉洗净，切丁；菜花掰开，放入盐水中浸泡 10 分钟。

2 油锅烧热，放入干辣椒段、葱末、姜末、蒜末、五花肉丁，炒至变色，倒入生抽。

3 放菜花、青椒块、红椒块，大火翻炒至熟，加少许盐调味即可。

营养价值： 菜花中丰富的维生素 C，可以增强肝脏解毒能力，并能提高机体的免疫力。

紫菜包饭

糯米 维生素 E1.29 毫克
紫菜 钙 264 毫克

原料： 糯米 100 克，鸡蛋 1 个，紫菜 1 张，火腿条、黄瓜条、沙拉酱、白醋各适量。

做法：

1 黄瓜切条，加白醋腌制；糯米蒸熟，倒入白醋，拌匀晾凉。

2 将鸡蛋摊成饼，切丝。

3 将糯米平铺在紫菜上，再摆上黄瓜条、火腿条、鸡蛋丝、沙拉酱，卷起，切 3 厘米厚片即可。

营养价值： 糯米有补虚、补血、健脾暖胃等作用，适合脾胃虚寒所致的反胃、食欲减少和气虚引起的气短无力等症的食疗，如果备孕夫妻如有这些症状，可以适合食用一些。

琥珀核桃

核桃 维生素 E 43.21 毫克
核桃 硒 4.62 微克

扁豆小炒肉

猪瘦肉 锌 2.3 毫克
扁豆 硒 32 微克

原料：核桃仁 4 个，冰糖、蜂蜜各适量。

做法：

1 把冰糖放入水中煮溶，糖水有点黏稠的时候关火。

2 把蜂蜜放入糖水中，搅拌均匀。

3 核桃仁洗净，风干放入糖水中。

4 将糖水核桃放入烤箱，温度调到 160~170℃，烘烤 10 分钟左右即可。

营养价值： 核桃中油脂含量较高，有利于滋补人体五脏。强肾益脾，还可滋润皮肤，有助于皮肤抗氧化抗衰老，以及补充头发营养，改善发质，建议备孕女性每天食用几个核桃。

原料：猪瘦肉 100 克，扁豆 200 克，姜丝、盐、香油各适量。

做法：

1 将猪瘦肉洗净，切丝；扁豆择洗干净，沿纵向剖半，斜切成段。

2 油锅烧热，煸香姜丝，放入肉丝炒至变色，倒入扁豆。

3 准备半碗凉水，一边炒，一边点入适量水，待扁豆将熟，放入盐调味，出锅前淋几滴香油即可。

营养价值： 扁豆中含锌量较高，而锌能有效促进机体的生长发育，并能增强造血功能，经常适量食用扁豆，可使人体得到多种营养素，预防营养素缺乏。

平菇牡蛎汤

紫菜 硒 2.47 微克
牡蛎 钙 131 毫克

鳝鱼粥

鳝鱼 钙 42 毫克
鳝鱼 磷 206 毫克

原料: 牡蛎肉 50 克,平菇 100 克,紫菜 10 克,盐、料酒、姜末各适量。

做法:

1 牡蛎肉洗净;紫菜洗净,撕成小块;平菇洗净,撕成小朵。

2 锅中加适量水,加入平菇、紫菜块、牡蛎肉、姜末、料酒同炖成汤,最后加盐调味即可。

营养价值: 牡蛎体内含有大量制造精子所不可缺少的精氨酸、与微量元素锌。精氨酸是制造精子的主要成分,锌促进激素的分泌,因此食用牡蛎可以提高男性性功能。

原料: 大米 50 克,鳝鱼肉 100 克,姜末、盐各适量。

做法:

1 将大米洗净;鳝鱼肉洗净,切成段。

2 将锅中加适量水,放入大米,大火烧开,再转小火煲 20 分钟。

3 放入姜末、鳝鱼肉煮透后,再放入盐调味即可。

营养价值: 鳝鱼属于常用的滋补品,含有大量的蛋白质,在身体虚弱时食用能促进体力恢复。黄鳝富含胆固醇,有助于维持细胞的稳定性,增加血管壁柔韧性,维持正常性功能。

猪肝烩饭

猪肝 磷 310 毫克
洋葱 铁 0.6 毫克

原料： 米饭 100 克，猪肝 30 克，猪肉 100 克，胡萝卜半根，洋葱 50 克，蒜末、水淀粉、盐、白糖、酱油、料酒各适量。

做法：

1 猪肉、猪肝洗净，切片，调入酱油、料酒、白糖、盐、水淀粉腌 10 分钟。

2 洋葱洗净切片；胡萝卜洗净，切花刀片。

3 油锅烧热，下蒜末煸香，放入猪肝片、猪肉片略炒；依次放入洋葱片、胡萝卜片和盐、酱油，炒熟后用水淀粉勾芡，淋在米饭上即可。

营养价值： 猪肝中含有丰富的铁，铁是补血的，食用猪肝可调节和改善贫血者造血系统的生理功能。

栗子扒白菜

白菜 磷 31 毫克
栗子 维生素 C 24 毫克

原料： 白菜心 150 克，栗子肉 6 颗，葱花、姜末、水淀粉、盐各适量。

做法：

1 白菜心洗净，切成小片。栗子肉洗净，放入热水锅中煮熟。

2 油锅烧热，放入葱花、姜末炒香，再放入白菜心与栗子，加适量水，至材料成熟，加水淀粉勾芡，最后加盐调味即成。

营养价值： 栗子中含有的多种微量元素能缓和情绪，对于备孕女性的情绪不稳有一定的缓解作用。栗子中含有丰富的优质蛋白质，并含有人体所需的多种氨基酸，有利于提高备孕夫妻的免疫力。

四色什锦

金针菇 钾 195 毫克
蒜薹 钙 19 毫克

原料：胡萝卜、金针菇各 100 克，木耳、蒜薹各 30 克，葱末、姜末、白糖、醋、香油、盐各适量。

做法：

1 木耳用水浸泡 4 小时，撕成小朵；金针菇去掉老根，用开水焯烫，沥干；胡萝卜切丝，蒜薹切段。

2 油锅烧热，放入葱末、姜末炒香，然后放入胡萝卜丝翻炒片刻，放入木耳翻炒，加白糖、盐调味。

3 放入金针菇、蒜薹，翻炒几下，淋上醋、香油即可。

营养价值：金针菇中氨基酸的含量非常丰富，尤其是赖氨酸的含量特别高，是一种很好的保健食物。

小米蒸排骨

小米 钾 284 毫克
排骨 硒 11.05 微克

原料：猪排骨 250 克，小米 100 克，料酒、冰糖、甜面酱、豆瓣酱、盐、葱花各适量。

做法：

1 猪排骨洗净，斩成段；小米洗净。

2 猪排骨加豆瓣酱、甜面酱、冰糖、料酒、盐、油拌匀，装入蒸碗内，加入小米，上笼用大火蒸熟，取出，撒上葱花。

营养价值：小米含有丰富的铁，有利于补血，还可滋润皮肤，有助于皮肤的红润，养颜美容。小米还含有丰富的蛋白质，提高身体的免疫力，增强抵抗力。小米的多种制作方法，为备孕夫妻提供了多样的选择。

荸荠炒鸭肝

荸荠 磷 44 毫克
鸭肝 硒 57.27 微克

原料：鸭肝 50 克，荸荠 200 克，酱油、料酒、姜末、盐各适量。

做法：

1 鸭肝洗净，切片，加酱油、料酒腌制片刻；荸荠去皮，洗净，切片。

2 油锅烧热，下姜末煸炒几下，再加入鸭肝片、荸荠片翻炒。

3 加盐调味，炒至食材全熟时即可。

营养价值：鸭肝中铁含量丰富，是常见的补血食物，可以有效地预防缺铁性贫血。鸭肝中丰富的维生素 A，具有维持人体正常生长和生殖机能的作用，对于备孕夫妻来说是非常好的选择。

归枣牛筋花生汤

牛蹄筋 蛋白质 34.1 克
花生 钙 39 毫克

原料：牛蹄筋 100 克，花生 50 克，红枣 6 颗，当归 5 克，盐适量。

做法：

1 牛蹄筋去掉肉皮，在清水中浸泡 4 小时后，洗净，切成细条；花生、红枣分别洗净，备用。

2 把当归洗净，整个放进热水中浸泡 30 分钟，然后取出切片。

3 砂锅加清水，放入牛蹄筋、花生、红枣、当归，大火煮沸后，改用小火炖至牛蹄筋熟烂，加盐调味即可。

营养价值：牛蹄筋对腰膝酸软、身体瘦弱的备孕女性有很好的食疗作用。此汤可补益气血、强壮筋骨。

芝麻酥球

葵花子仁 硒 5.78 微克
芝麻 钙 780 毫克

原料： 熟葵花子仁、低筋面粉、熟紫薯泥各 100 克，白糖、芝麻各 50 克，鸡蛋 1 个，小苏打 5 克，牛奶、红糖各适量。

做法：

1 鸡蛋打散，将熟葵花子仁、牛奶、红糖、白糖、2/3 鸡蛋液放入搅拌机，打成泥浆状，盛入碗中。

2 小苏打和低筋面粉、熟紫薯泥混合后筛入碗里，与葵花子仁泥搅拌成面糊。

3 用手将面糊揉成一个个小圆球，在圆球上刷一层蛋液，放在芝麻里滚一圈，用烤箱烤熟即可。

营养价值： 芝麻中的蛋白质是完全蛋白质，易被人体吸收利用。

玉竹百合苹果羹

百合 锌 05 毫克
苹果 铁 0.6 毫克

原料： 玉竹、百合各 20 克，蜜枣 5 颗，陈皮 6 克，苹果 1 个，猪瘦肉 50 克。

做法：

1 苹果去核，切块；猪瘦肉切末。

2 将除猪瘦肉以外的所有材料同放锅中，加适量水，煮开时下猪瘦肉，用中火煮约 2 小时即食。

营养价值： 百合性微寒，能清心除烦，宁心安神，还富含维生素，对皮肤细胞新陈代谢有益，这些对于备孕女性来说都非常有益。

黄瓜腰果虾仁

黄瓜 镁 15 毫克
腰果 铁 4.8 毫克

原料： 黄瓜 1 根，虾仁 80 克，胡萝卜 1/4 根，腰果 20 克，葱花、盐各适量。

做法：

1 黄瓜、胡萝卜洗净，切丁；虾仁用开水汆烫，捞出沥水。

2 油锅烧热，炸熟腰果，装盘；锅内留底油，放葱花煸出香味，倒入黄瓜丁、腰果、虾仁、胡萝卜丁同炒，加入盐调味即可。

营养价值： 腰果中维生素 B_1 的含量高，有补充体力、消除疲劳的效果，适合工作节奏快的备孕夫妻食用。腰果含丰富的维生素 A，是优良的抗氧化剂，能使皮肤有光泽。

萝卜虾泥馄饨

白萝卜 铁 0.5 毫克
虾仁 维生素 A 15 微克

原料： 馄饨皮 15 个，白萝卜、胡萝卜、虾仁、香菇各 20 克，鸡蛋 1 个，盐、香油、葱末、姜末各适量。

做法：

1 白萝卜、胡萝卜洗净，剁碎；香菇和虾仁泡好后剁碎；鸡蛋打成蛋液。

2 锅内倒油，放葱末、姜末，下入胡萝卜碎煸炒，再放入蛋液划散，晾凉备用。

3 把所有材料混合，加盐和香油，调成馅儿；包成馄饨，煮熟即可。

营养价值： 虾中含有丰富的镁，镁对心脏活动具有重要的调节作用，早上一碗萝卜虾泥馄饨，会让备孕夫妻活力满满。

银耳橘羹

银耳 铁 4.1 毫克
橘子 维生素 C28 毫克

原料：银耳100克,橘子1个,冰糖适量。

做法：

1 银耳泡发洗净，撕成小朵。

2 橘子洗净，去皮，去核。

3 将银耳放入煲中，加适量水，炖至银耳黏稠，加入橘肉，再加入冰糖，炖煮片刻即可。

营养价值： 银耳中的有效成分酸性多糖类物质，能增强人体的免疫力，调动淋巴细胞，加强白细胞的吞噬能力，加强骨髓造血功能，对于身体健康是非常有帮助的。

酸奶草莓露

草莓 铁 1.8 毫克
酸奶 硒 1.71 微克

原料：草莓 4 个，酸奶 250 毫升，白糖适量。

做法：

1 草莓洗净、去蒂，放入榨汁机中，加入酸奶，一起搅打成糊状。

2 放入适量白糖即可。

营养价值： 草莓富含维生素C、胡萝卜素、镁、膳食纤维，搭配酸奶，对备孕女性的皮肤有很好的润泽作用，帮助做好备孕工作，为孕育新生命做好身体准备。

芋头排骨汤

芋头 蛋白质 2.2 克
排骨 磷 135 毫克

原料：芋头 100 克，排骨 200 克，盐、胡椒粉各适量。

做法：

1 芋头去皮洗净，切小块。

2 将排骨在沸水中氽烫，去除血水，捞出切块，锅置火上，放入猪骨和水，煮成骨头浓汤。

3 将骨汤滤去骨渣，放入芋头，大火煮沸后改小火熬煮。出锅前加盐调味，撒上胡椒粉即可。

营养价值：芋头炖排骨荤素搭配，两者的营养价值也相互补充。排骨提供人体生理活动必需的优质蛋白质、脂肪，尤其是丰富的钙质可维护骨骼健康。

丝瓜虾仁糙米粥

虾仁 脂肪 0.8 克
丝瓜 锌 0.21 毫克

原料：丝瓜半根，虾仁 4 个，糙米 50 克，盐适量。

做法：

1 将糙米清洗后加水浸泡约 1 小时；将虾仁洗净，与糙米一同放锅中。

2 加入 2 碗水，用中火煮约 25 分钟成粥状。

3 丝瓜洗净，切丁放入已煮好的粥内稍煮，加适量盐调味。

营养价值：糙米有提高人体免疫功能，促进血液循环，缓解烦躁情绪的作用。糙米粥则可以滋阴补阳，还可以保护肠胃功能。

羊肝炒荠菜

羊肝 硒 17.68 微克
荠菜 钾 280 毫克

原料： 羊肝 100 克，荠菜 50 克，火腿、姜片、盐、水淀粉各适量。

做法：

1 羊肝洗净，切片，焯烫后沥水；荠菜洗净、切段；火腿切片。

2 起油锅，放入姜片、荠菜段，炒至断生，加入火腿片、羊肝片，调入盐，再用水淀粉勾芡即可。

营养价值： 羊肝含铁丰富，铁质是产生红细胞必需的元素；羊肝中富含维生素 B_2，维生素 B_2 是人体代谢中许多酶和辅酶的组成部分，能促进身体的新陈代谢。

肉末蒸蛋

鸡蛋 碳水化合物 2.8 克
猪肉 钠 59.4 毫克

原料： 鸡蛋 2 个，猪肉 50 克，葱末、水淀粉、酱油、盐各适量。

做法：

1 将鸡蛋打入碗内搅散，放入盐和适量清水搅匀，上笼蒸熟。

2 选用三成肥、七成瘦的猪肉剁成末儿。

3 锅放火上，放入油烧热，放入肉末，炒至松散出油时，加入葱末、酱油及水，用水淀粉勾芡后，浇在蒸好的鸡蛋上即成。

营养价值： 肉末蒸蛋不仅美味，而且营养价值高，鸡蛋中的蛋白质含量高，具有养血生精、长肌壮体、补益脏腑的功效。

荷塘小炒

木耳锌 3.18 毫克
藕锌 0.23 微克

酒酿鱼汤

黄花鱼 蛋白质 17.7 克
黄花鱼 硒 42.57 微克

原料：莲藕 200 克，胡萝卜半根，木耳 20 克，荷兰豆、盐、蒜片各适量。

做法：

1 莲藕、胡萝卜均去皮，洗净，切片；木耳温水泡发撕成小朵，洗净；荷兰豆洗净切段。

2 油锅烧热，放入蒜片炒香，将其余食材放入锅中，快速翻炒，加盐调味即可。

营养价值：荷塘小炒是以莲藕为主的一道食疗菜谱，藕除了含有大量的碳水化合物外，蛋白质和各种维生素及矿物质的含量也很丰富，可以养胃滋阴、健脾益气。

原料：黄花鱼 1 条，酒酿 200 毫升，姜片、香油各适量。

做法：

1 黄花鱼去鳞、鳃、内脏，洗净。

2 香油倒入锅内，用大火烧热，放入姜片，转小火，煎至姜片两面皱缩，呈褐色为止。

3 改大火，加入黄花鱼和酒酿煮开，盖上盖儿后转小火，稍煮即可。

营养价值：醪糟甘甜芳醇，能刺激消化腺的分泌，增进食欲，有助消化。糯米经过酿制，营养成分更易于人体吸收，是身体虚弱的备孕女性补气养血之佳品。

第四章
4 周备孕食谱推荐

　　男女双方的生殖能力与饮食情况有密切关系，如果夫妻双方都坚持膳食平衡，就能提高受孕和孕育健康宝宝的机会。如果你们之前的饮食不那么科学，但从备育的那一刻起，重新建立科学、营养、均衡的饮食，推荐以 4 周为一个时间周期，相信你们的身体状态都会有很大的改善。

吃对每一餐

一日三餐如何吃

吃饭是人生存的本能，我们每天都要吃饭，但也千万别小看吃饭这件习以为常的小事，因为不良的饮食习惯可是会对我们的身体造成极大的伤害，备孕期间更要重视规律饮食。

早餐

对于消化功能弱的人来说，早餐不宜过早吃，早晨醒来后先不要马上起床，在床上平躺 15~30 分钟，再起来喝杯温开水清理肠胃。等到胃肠道已经完全苏醒后再开始吃早餐，才能高效地消化和吸收食物营养。早餐的食物里最好要有谷物类食物、肉类和蛋类等动物性食物，以及富含维生素 C 的水果蔬菜，以补充人体所需的膳食纤维，这样的早餐才是营养搭配的好选择。

午餐

一到中午 12 点，想必忙了一个上午的上班族们肚子早就开始咕咕地叫了，这就是在提醒大家该吃午饭了，虽然午餐时间不长，但是吃午餐还是有讲究的。完美的午餐最好要遵循三个搭配原则，粗细搭配，适当吃些小米、全麦、燕麦等粗粮可有效缓解便秘；干稀搭配，除了主食之外，最好午餐中搭配一些汤水或者粥有助消化；颜色搭配要丰富，中医讲究"五色养五脏"，意思为红、黄、白、黑、绿这 5 种颜色各入不同的脏腑，可起到不同的作用，而且中午 12 点过后正是身体能量需求最大的时候，所以在午饭时最好能多吃些不同颜色的食材。

晚餐

晚餐切记不能吃得太晚也不能吃得过量，为了减少胃肠负担建议晚餐应该吃得清淡的同时不能忘记多吃一些蔬菜和粗粮，以增加胃肠动力，而且饭后半个小时可以选择散步等运动方式，消耗体内多余热量，避免脂肪堆积。

健康的饮食计划

健康饮食就是说膳食要均衡，避免过量摄入高脂肪和高糖的食物，备孕夫妻提前做好饮食计划表，每周依照计划表组合食谱。

水果和蔬菜，可以是新鲜的、冷冻的、罐装的、干的，或一杯果汁等。一天要至少吃5份。

碳水化合物食品，如面包、面条、大米、土豆等。

蛋白质，如瘦肉、鸡肉、鱼、蛋、豆类（扁豆和豌豆）等。

鱼，每周至少吃两次，包括一些高脂鱼，但每周吃高脂鱼的次数不能超过两次。新鲜金枪鱼（罐装金枪鱼不算油性鱼）、鲭鱼、沙丁鱼、鳟鱼等都是高脂鱼。

奶制品，如牛奶、奶酪、酸奶等，

这些食物中都含钙。

富含铁的食物，如牛羊肉、豆类、干果、面包、绿色蔬菜、麦片等，此类食物都能为备孕夫妻增加铁质。

适量补充维生素

虽然均衡的膳食基本上能满足人体的营养需求，但一些专家认为，即使是饮食健康的人，可能也还需要些额外补充营养素。维生素补充剂只是为了强化体质，并不能替代健康饮食。另外，一些非处方的补充剂可能会包含大剂量维生素和矿物质，对身体有害，不要乱吃，可以请医生推荐一种适合自身情况的维生素补充剂。

摄取大量叶酸

不只是女性，人人都需要更多的叶酸，这种B族维生素能够起到一定的降低心脏病、中风、癌症、糖尿病等疾病发生的作用，还能减少胎宝宝患有像脊柱裂等神经管出生缺陷的风险。神经管出生缺陷是指当围绕中枢神经系统的神经管不能完全闭合时，发生的一种严重先天疾病。准备怀孕的女性应该每天补充叶酸约400微克，应该从停止使用避孕措施到孕期的第12周一直吃叶酸。建议备孕夫妻一起补充。

第1周 食谱推荐

早餐

核桃粥

核桃有滋补肝肾、补气养血、温肺润肠功效。核桃中的磷脂，对脑神经有良好保健作用，还有滋润须发的作用。

原料：核桃仁、大米各50克。

做法：

1 核桃仁捣烂。

2 大米淘洗干净。

3 锅中加适量水，放入核桃仁和大米，同煮成粥。

营养价值：这道粥味道清淡，营养也很丰富，比较适合身体虚弱的备孕女性食用。核桃仁富含脂肪和蛋白质，每天食用3颗就可以了。

> 核桃仁如果去内皮生吃，润肠功效明显，适合有便秘烦恼的备孕夫妻食用。

午餐

芦笋蛤蜊饭

原料：芦笋6根，蛤蜊150克，海苔丝、姜丝、大米、红酒、醋、糖、盐、香油各适量。

做法：

1 芦笋，切段；蛤蜊泡水，吐净泥沙后，用清水煮熟，去掉外壳；大米洗净。

2 将大米放入电饭煲中，加适量清水，用姜丝、红酒、醋、糖、盐拌匀，再把芦笋铺在上面一起煮熟。

3 将煮熟的米饭盛出，放入蛤蜊肉，加香油拌匀即可。

营养价值：芦笋含丰富的叶酸和膳食纤维，是孕前补充叶酸的佳品，有益于日后胎宝宝健康发育，还能促进备孕女性的新陈代谢，预防便秘。

红枣　核桃　魔芋

豆腐　香蕉

孕前管理体重

备孕期间无论男性还是女性，都要有意识的对体重进行管理，太胖太瘦都不利于受孕，就算受孕了也对胎宝宝的健康有一些不利影响。无论身体过胖还是过瘦都应积极进行调整。

晚餐

晚餐

菠菜鸡蛋饼

原料: 鸡蛋2个，菠菜150克，面粉50克,盐适量。

做法:

1 菠菜洗净，放入开水中焯烫，30秒后捞出。沥水,切成段。

2 菠菜中打入鸡蛋，顺着一个方向搅拌。

3 倒入面粉，加入少量的盐，继续搅拌，直至没有面疙瘩为止。

4 在不粘锅中倒入少量油，油热后，倒入菠菜鸡蛋面糊。转动平底锅至面糊铺满整个锅底，煎至金黄，再翻另一面，煎至金黄即可出锅。

营养价值: 菠菜烹熟后软滑易消化，特别适合肠胃不好，饮食不规律的备育男性食用，还有补血的作用。

鱼头木耳汤

原料: 鱼头1个，冬瓜100克，油菜50克，木耳20克，葱、姜、料酒、盐各适量。

做法:

1 鱼头洗净，抹盐；葱切段；姜切片。冬瓜洗净，切片；油菜洗净；木耳泡发。

2 油锅烧热，将鱼头煎至两面金黄。

3 放入葱段、姜片、料酒、盐、水，大火煮沸5分钟。转小火焖20分钟，放入冬瓜片、木耳、油菜，煮沸即可。

营养价值: 鱼头木耳汤清淡味美，含有丰富的优质蛋白质、脂肪、钙、磷、铁和锌，是备孕夫妻补充热量、营养、滋补的佳品。

早餐

午餐

番茄面疙瘩

番茄含有丰富的维生素、矿物质、碳水化合物、有机酸。有促进消化、利尿、抑制多种细菌的作用。

原料： 番茄 150 克，鸡蛋 1 个，面粉 80 克，盐适量。

做法：

1 面粉边加水边用筷子搅拌成颗粒状；鸡蛋打散；番茄洗净，切小块。

2 油锅烧热，放番茄煸出汤汁，加水烧沸。

3 将面粉慢慢倒入番茄汤中，煮 3 分钟后，淋入蛋液，放盐调味。

营养价值： 番茄搭配鸡蛋营养全面，不仅能调整肠胃功能，还可令孕妈妈稳定情绪。

> 用刀在番茄的顶部划一个十字，将它放入开水中烫一下，皮就很好剥了。

如意卷

原料： 豆腐皮 2 张，香菜、小葱、甜面酱各适量。

做法：

1 将豆腐皮切成 4 个大小一致的长方形，放入沸水中焯一下。

2 将豆腐皮捞出晾凉，摊在案板上。

3 将小葱和香菜切成比豆腐皮略短些的段，放在豆腐皮上，轻轻卷起，斜刀切段，码入盘中，淋上甜面酱即可。

营养价值： 豆腐皮有清热润肺、止咳消痰、养胃、解毒等功效。豆腐皮营养丰富，蛋白质、氨基酸含量高，还有铁、钼等人体所必需的多种微量元素，能提高免疫能力。

午餐

午餐

炸藕盒

原料： 莲藕 200 克，猪肉末 100 克，盐、酱油、料酒、蛋清、淀粉、面粉、葱末、姜末各适量。

做法：

1 莲藕洗净，切厚片，从中间切一刀，不要切断。

2 猪肉末中加盐、酱油、料酒、蛋清、姜末、葱末拌匀，塞入藕片中。

3 将面粉、淀粉、蛋清加水，搅成面糊。

4 油锅烧热，将莲藕包裹上面糊，放入油锅中炸至金黄即可。

营养价值： 莲藕富含膳食纤维及黏蛋白，热量却不高，因而能控制体重，有助降低血糖和胆固醇水平，促进肠蠕动，预防便秘。

红烧冬瓜面

原料： 面条 100 克，冬瓜 80 克，油菜 50 克，生抽、醋、盐、香油、姜末各适量。

做法：

1 冬瓜洗净，去皮，切片；油菜洗净，掰开。

2 姜末放入油锅煸香，放入冬瓜片翻炒，加生抽和适量清水，加盖烧煮；再加醋和盐，出锅即可。

3 面条和油菜一起煮熟，把煮好的冬瓜连汤一起浇在面条上，最后淋上香油。

营养价值： 面条能给备孕夫妻补充所需碳水化合物；冬瓜的利水功效很强，可帮助预防和缓解水肿，晚上食用非常有益处。

早餐

午餐

烤全麦三明治

全麦面包质地比较粗糙，它的营养价值比白面包高，含有丰富膳食纤维、维生素E以及锌、钾等矿物质。

原料： 全麦面包1个，起司粉、葡萄干、杏仁片、核桃、樱桃、葡萄酱各适量。

做法：

1 全麦面包放在烤箱里稍烤一下，取出切成小块。

2 在面包表面抹上一层葡萄酱，然后把葡萄干、核桃、杏仁片和樱桃放在上面，再撒上起司粉即可。

营养价值： 起司粉中所含的B族维生素可减轻备孕期间的烦躁情绪。早上一份全麦三明治，能给备孕夫妻提供丰富的碳水化合物、维生素和矿物质。

在三明治中再添加番茄片、黄瓜片以及生菜等，让早餐营养更全面。

橄榄菜炒扁豆

原料： 扁豆150克，橄榄菜20克，盐适量。

做法：

1 扁豆择洗干净，切段，用沸水焯2分钟。

2 油锅烧热，放入扁豆段翻炒一会，加入橄榄菜翻炒。

3 出锅前放入适量盐调味即可。

营养价值： 扁豆中的膳食纤维非常丰富，能够促进胃肠的蠕动，帮助人体消化吸收食物营养。还能促进人体新陈代谢，从而防止便秘的发生，对于肠胃和消化能力较弱的备孕夫妻来讲，是一种非常理想的选择。

午餐

晚餐

乌鸡滋补汤

原料：乌鸡1只，山药250克，枸杞子10克，红枣6颗，料酒、姜片、盐各适量。

做法：

1 将乌鸡洗净，去内脏；山药洗净，去皮，切片；红枣洗净。

2 将乌鸡放入锅中，加入适量清水，大火煮沸，撇去浮沫。

3 加入山药、枸杞子、红枣、料酒和适量姜片，转小火炖至鸡肉烂熟，加盐调味即可。

营养价值：乌鸡含有多种氨基酸，维生素 B_2、烟酸、维生素E、磷、铁、钾、钠的含量都很高，而胆固醇和脂肪含量则较少，乌鸡还含有丰富的黑色素，起到使人体内的红细胞和血红蛋白增生的作用，是备孕夫妻调理身体的滋补佳品。

炒馒头

原料：馒头1个，木耳20克，番茄、鸡蛋各1个，盐适量。

做法：

1 将馒头掰成小块；木耳泡发、洗净、切小块；番茄洗净、切小块；鸡蛋打散。

2 将锅加热，刷一点油，将馒头块倒入锅中用小火烘，直到馒头块外皮微黄酥脆，盛出备用。

3 锅里加油，放入木耳翻炒，倒入打散的鸡蛋液，再加番茄和少许水，最后加盐和馒头块翻炒均匀即可。

营养价值：木耳和鸡蛋含铁丰富，有缺铁性贫血的备孕女性可以经常食用，同时番茄富含维生素C，可帮助身体吸收更多的铁质。搭配合理的晚餐，既吃得营养又不会增加很多体重。

第2周 食谱推荐

早餐

午餐

无花果粥

无花果可食率高，鲜果可食用部分达97%，干果和蜜饯类达100%，且含酸量低。

原料： 无花果30克，大米100克，蜂蜜适量。

做法：

1 大米淘洗干净；无花果冲洗干净。

2 先将大米加水煮沸，然后放入无花果煮成粥。食用时加适量蜂蜜。

营养价值： 无花果含有苹果酸、柠檬酸、脂肪酶、蛋白酶、水解酶等，能促进人体对食物的消化，增进食欲。

> 无花果既可以当鲜果生吃，也可制成干果食用，和梨一起煮，可滋阴养颜。

培根菠菜饭团

原料： 条状培根1袋，熟米饭1碗，菠菜1把，香油、海苔碎、盐各适量。

做法：

1 菠菜洗净后放入沸水中，加入少许盐略焯，捞出，挤干，切成末。

2 菠菜末放入碗内，调入香油拌匀，再加入熟米饭，撒入海苔碎拌匀。取一小团拌好的菜饭捏成椭圆形饭团。

3 用培根将饭团裹起来，放入不粘锅内小火煎5分钟即可。

营养价值： 菠菜富含铁和胡萝卜素，对于经常使用电脑的备孕夫妻非常有益，有明目的作用。培根菠菜饭团，再加上鸡蛋汤，就是非常完美的一顿午餐。

胡萝卜
动物肝脏
蛋类
深色蔬菜 乳类

补充维生素

维生素是维持人体健康所必需的一类营养素，但不能在人体内合成，或者所合成的量难以满足机体的需要，必须由食物供给。维生素的每日需要量甚少，但在调节物质代谢、促进生长发育和维持生理功能等方面却发挥着重要作用。

晚餐

晚餐

宫保素三丁

原料： 土豆 200 克，甜椒、黄瓜各 100 克，花生仁 50 克，葱末、白糖、盐、香油、水淀粉各适量。

做法：

1 将甜椒、黄瓜、土豆洗净，切丁；将花生仁、土豆丁分别过油炒熟。

2 油锅烧热，煸香葱末，放入甜椒丁、黄瓜丁、土豆丁、花生仁，大火快炒，加白糖、盐调味，用水淀粉勾芡，最后淋香油即可出锅。

营养价值： 这道素三丁脆嫩清香，味道鲜美，此菜含碳水化合物、多种维生素、膳食纤维等各种营养素，是搭配非常科学的一道营养餐。

孜然鱿鱼

原料： 鲜鱿鱼 1 只，洋葱片、胡萝卜片、白醋、料酒、孜然、葱花、姜末、盐各适量。

做法：

1 鱿鱼洗净，切成大小合适的片。

2 将鱿鱼放入热水中焯一下，捞出沥干。

3 锅中倒入适量油，放入葱花、姜末爆锅，放入鱿鱼炒，放白醋、料酒和孜然。

4 放入洋葱片、胡萝卜片，煸炒均匀至鱿鱼熟透，出锅前放盐调味即可。

营养价值： 鱿鱼含有丰富的矿物质，其中尤以钙、磷、铁、硒、钾、钠最为丰富，利于骨骼发育和造血，能辅助治疗贫血。

早餐

午餐

香煎吐司

吐司是经过烤制的面包，吐司的口感相对比较硬，平常脾胃不好的备孕夫妻吃吐司可以健脾胃。

原料：鸡蛋2个，吐司4片，番茄片、黄瓜片、盐各适量。

做法：

1 鸡蛋打入碗中，加盐打散。

2 油锅烧热，将切好的吐司放入蛋液中，翻面，使吐司表面裹满蛋液。

吐司可以放在食品袋里面，放点芹菜，扎紧袋口，可保持吐司的新鲜。

3 将裹满蛋液的吐司片放入锅中，小火煎至颜色浅黄。翻面，将另一面煎至颜色浅黄。

4 夹入切好的番茄片、黄瓜片即可。

营养价值：吐司含有蛋白质、脂肪、碳水化合物，口味多样，非常容易消化吸收，早餐食用方便快捷。

芝麻酱拌苦菊

原料：苦菊1棵，芝麻酱、盐、醋、白糖、蒜泥各适量。

做法：

1 苦菊洗净后沥干水。

2 芝麻酱用少许温开水化开，加入盐、白糖、蒜泥、醋搅拌成糊状。

3 把芝麻酱倒在苦菊上，拌匀即可。

营养价值：芝麻酱含有健康的植物性脂肪，可加速本时期胎宝宝脑细胞的增殖分化，有助于提升胎宝宝智力水平；苦菊则是孕妈妈清热降火的美食佳肴。

午餐

晚餐

三丝炒面

原料：鸡蛋面 200 克，火腿 1 根，胡萝卜 1/2 根，圆白菜 1/4 个，生抽、白糖、盐各适量。

做法：

1 胡萝卜去皮，切丝；火腿、圆白菜切丝。

2 锅中倒入适量水，大火煮沸，加适量盐，搅拌均匀。

3 放入面条，煮至七成熟，捞出过凉，加少量油搅拌均匀，抖散。

4 另起锅，油锅烧热，放入圆白菜丝、胡萝卜丝，翻炒至发软。

5 倒入火腿丝，翻炒几下，放入生抽、白糖、盐，翻炒均匀。放入面条，再炒 2 分钟即可。

营养价值：鸡蛋易于消化吸收，有改善贫血、增强免疫力、平衡营养吸收的作用。

玉米面发糕

原料：面粉、玉米面各 1/3 碗，红枣 2 颗，泡打粉、酵母粉、白糖、温开水各适量。

做法：

1 将面粉、玉米面、白糖、泡打粉先在盆中混合均匀；酵母粉融于温开水后倒入面粉中，揉成面团。

2 将面团放入蛋糕模具中，放温暖处醒发至原来的两倍大。

3 红枣洗净，加水煮 10 分钟，嵌入发好的面团表面，入蒸锅。大火蒸 20 分钟，切成厚片。

营养价值：玉米中含有大量的卵磷脂、亚油酸、维生素 E、膳食纤维素等，具有降血压、降血脂、美容养颜、延缓衰老等功效，玉米面完全保留了玉米的营养成分和调理功能。

葡萄汁

葡萄可以用于脾虚气弱、气短乏力、水肿、小便不利等病症的辅助治疗。

原料: 葡萄200克。

做法:

1 将葡萄在清水中浸泡5分钟,然后洗净。

2 将葡萄放入榨汁机内,加入适量的温开水,榨成汁,过滤出汁液即可。

营养价值: 葡萄榨汁可以保留葡萄的绝大部分营养成分,连皮一起榨汁,能够充分保留葡萄皮中的花青素,可抗氧化,紧致皮肤,还能帮助消化。葡萄中的糖主要是葡萄糖,能很快地被人体吸收。当人体出现低血糖时,若及时饮用葡萄汁,可很快使症状缓解。

便秘者不宜多吃,脾胃虚寒者不宜多食,多食则令人腹泻。

蜜桃菠萝沙拉

原料: 桃子1个,菠萝半个,柚子2瓣,蜂蜜、沙拉酱、盐各适量。

做法:

1 菠萝去皮切块,用淡盐水浸泡10分钟左右;柚子去皮,掰成小块。

2 将梨、桃子去皮和核,分别切成小丁,和菠萝块、柚子块一同放入盘中。

3 将沙拉酱、蜂蜜搅拌均匀,淋在上面即可。

营养价值: 多种水果搭配,富含维生素C,有助于平衡身体代谢,有助于促进免疫系统健康,预防疾病和肥胖,并能够促进身体健康。

晚餐

晚餐

香肥带鱼

原料： 带鱼1条，牛奶 250 毫升，芝麻、盐、淀粉各适量。

做法：

1 带鱼处理干净，切成块，用盐拌匀，腌 10 分钟，再拍上淀粉。

2 将带鱼块炸至金黄色捞出。

3 锅内加适量水，再放入牛奶，待汤汁烧开时放盐、淀粉，不断搅拌，最后撒入芝麻，浇在带鱼块上即可。

营养价值： 带鱼具有很高的营养价值，由于质地细腻、柔嫩，更利于被人体消化、吸收和利用。

五彩蒸饺

原料： 紫薯、南瓜各1块，芹菜、菠菜各 50 克，猪肉末 100 克，面粉、葱末、姜末、盐各适量。

做法：

1 紫薯、南瓜处理好后蒸熟捣成泥；菠菜焯水；芹菜焯水后切成末。

2 面粉添加适量清水，和成面。

3 将紫薯泥、南瓜泥、菠菜水分别与和好的面粉揉成团。

4 将猪肉末、芹菜末、盐、葱末、姜末拌匀，做成馅。

5 擀面皮，包成饺子，蒸熟即可。

营养价值： 不爱吃蔬菜的备育男性一定不会抗拒这好看又好吃的五彩蒸饺，集多种维生素和矿物质，健康又营养。

第3周 食谱推荐

早餐

水果酸奶吐司

加入酸奶的吐司，口感松软，味道上有点儿老面包的感觉，口味独特。

原料： 全麦面包2片，低脂酸奶50毫升，蜂蜜、草莓、哈密瓜、猕猴桃、碎果仁各适量。

做法：

1 将全麦面包切成方丁，略烤一下。

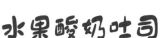

10分钟就可以搞定的早餐，水果可以随意更换。

2 所有水果洗净，切成丁。

3 将酸奶盛入碗中，调入适量蜂蜜，再加入吐司丁、水果丁和碎果仁搅拌均匀即可。

营养价值： 酸甜的口感在提高备孕夫妻食欲的同时，还能摄取到丰富的维生素，美容养颜。

午餐

豆腐馅饼

原料： 豆腐150克，面粉200克，白菜300克，葱末、姜末、盐各适量。

做法：

1 豆腐抓碎，白菜切碎，分别挤去水分。

2 将葱末、姜末倒入豆腐碎、白菜碎中，加盐调成馅。

3 面粉加水揉成面团，分成10份，擀成汤碗大的面皮。将馅分成5份，2张面皮中间放1份。用汤碗扣一下面皮，去边，捏紧。

4 油锅烧热，将馅饼煎至两面浅黄即可。

营养价值： 豆腐含有铁、钙、磷、镁等人体必需的多种微量元素，还含有丰富的优质蛋白，这道主食可以为备孕夫妻提供丰富营养。

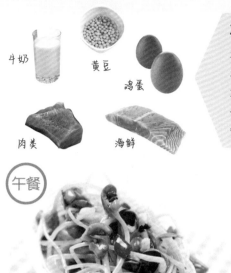

牛奶　黄豆　鸡蛋　肉类　海鲜

补充蛋白质

蛋白质是一切生命的物质基础，这不仅是因为蛋白质是构成机体组织器官的基本成分，更重要的是蛋白质本身不断地进行合成与分解，可调节机体正常生理功能，保证机体的生长、发育、繁殖、遗传及修补损伤的组织。

午餐

晚餐

炝拌黑豆苗

原料：黑豆苗100克，醋、花椒粒、干辣椒碎各1小匙，葱末、蒜末、油、盐各适量。

做法：

1 黑豆苗放入沸水中焯烫至熟，捞出沥干，备用。

2 油锅烧热，放入蒜末爆香，然后放入干辣椒碎、花椒粒，制成花椒油。

3 将花椒油淋在黑豆苗上，加葱末、醋、盐搅拌均匀即可。

营养价值：黑豆苗含有丰富的蛋白质及碳水化合物，富含铁、钙、磷及胡萝卜素，有活血利尿、清热消肿、补肝明目的功效，特别适合在气候湿热的夏季食用。

蛤蜊蒸蛋

原料：鸡蛋1个，蛤蜊10只，盐、料酒各适量。

做法：

1 蛤蜊浸泡，吐沙后洗净，在加了少许料酒的开水锅里煮至开口，取肉备用。

2 鸡蛋打入碗内，加少许凉开水和适量盐拌匀。

3 准备好的蛋液过筛装进碗里，把蛤蜊肉放上面。

4 碗上盖上保鲜膜，入开水锅中小火蒸熟，取出即可。

营养价值：蛤蜊味道鲜美，营养丰富，蛋白质含量高，氨基酸的种类组成及配比合理；脂肪含量低，不饱和脂肪酸较高，易被人体消化吸收。

早餐

西柚石榴汁

西柚石榴汁可以给身体补充能量，又不会给身体增加负担。

原料：西柚半个，石榴1个，酸奶适量。

做法：

1 将西柚去外皮去膜，将果肉剥入碗中备用；将石榴的果粒剥入碗中备用。

2 将西柚果肉和石榴果粒放入榨汁机中榨汁，去渣后加入适量酸奶即可。

营养价值：石榴中的花青素抗氧化能力强，让肌肤透亮白皙，还可帮助清除血液杂质。石榴富含多种氨基酸和微量元素，可以促进肠胃消化、提神醒脑。西柚含维生素C非常丰富，是含糖分较少的水果，想瘦身的备孕夫妻的餐单少不了它。

石榴汁还有一定的解酒功效，早餐一杯西柚石榴汁会让备孕男性更精神。

午餐

茶树菇烧豆腐

原料：豆腐1块，茶树菇100克，口蘑50克，青椒、红椒各1个，蚝油1匙，姜片、盐各适量。

做法：

1 茶树菇用温水浸泡20分钟，捞出沥干。豆腐切成小片。口蘑切片，青椒、红椒切成块。

2 油锅烧热，放入姜片爆香，放入豆腐片，小火煎至两面浅黄，捞出。

3 放入茶树菇、口蘑片，炒出香味后，再次放入豆腐片翻炒。

4 锅中倒入蚝油及水，小火炖煮5分钟。放入青椒块、红椒块，适量盐，大火收汁即可。

营养价值：茶树菇味道鲜美，脆嫩可口，又具有较好的保健功效，含有人体所需的多种氨基酸，特别是含有人体所不能合成的必需氨基酸，是很好的食疗佳品。

晚餐

晚餐

油焖茭白

原料: 茭白3根,葱末、生抽、老抽、白糖、盐各适量。

做法:

1 茭白去皮,除去老根,切成滚刀块。

2 油锅烧热,放入茭白块,小火翻炒至茭白块表面变黄。

3 倒入生抽、老抽、白糖、盐,翻炒均匀。

4 倒入适量水,大火煮沸后,加盖,转小火继续熬煮5分钟。开盖,大火收汤,出锅前撒上葱末即可。

营养价值: 茭白主要含蛋白质、脂肪、碳水化合物、维生素 B_1、维生素 B_2、维生素 E 等,味道鲜美,营养价值较高,容易为人体所吸收。

酸菜粉丝汤

原料: 酸菜200克,土豆1个,粉丝1小把,葱段、盐各适量。

做法:

1 酸菜切成细丝,用热水浸泡20分钟,捞出,挤出水分。土豆去皮,切成长条。

2 油锅烧热,放入葱段爆香,然后放入酸菜丝翻炒。放入土豆条,翻炒2分钟。

3 倒入适量水,没过酸菜丝,大火煮沸。

4 放入粉丝,用筷子不停搅拌,煮至粉丝熟透,加盐调味即可。

营养价值: 酸菜味道咸酸,口感脆嫩,开胃提神,醒酒去腻,不但能增进食欲、帮助消化,还可以促进人体对铁的吸收。

早餐

午餐

鸡蛋炒面

可自由发挥的家常炒面，周末的早晨，两人一起做早餐，把美味和幸福炒起来。

原料： 鸡蛋面200克，鸡蛋1个，小白菜2棵，酱油、盐各适量。

做法：

1 小白菜切段；鸡蛋加盐打散，备用。

2 放入面条，煮至七成熟，捞出过凉，加少量油搅拌均匀，抖散。

3 另起锅，油锅烧热，倒入鸡蛋液，炒散。

4 倒入面条，淋入酱油和少量水，用筷子不停翻炒。

5 放入小白菜，加盐，大火翻炒断生即可。

营养价值： 食材的多样，决定了这道炒面营养很全面，蛋白质、碳水化合物、维生素等俱全。

> 时令蔬菜都搭配起来，鸡毛菜、小油菜、茼蒿，都可以随手放一些在面里。

金汤竹荪

原料： 干竹荪4根，芦笋200克，南瓜100克，蔬菜高汤、水淀粉、盐各适量。

做法：

1 竹荪用水浸泡10分钟，泡至发软，切段。南瓜去皮、瓤，切块，大火蒸熟后碾成泥状。

2 芦笋用盐水浸泡5分钟，除去根部的粗皮。

3 锅中倒入蔬菜高汤，放入芦笋，焯烫2分钟，捞出，码盘。

4 将竹荪段放入锅中，煮5分钟，捞出码盘。

5 油锅烧热，放入南瓜泥煸炒，倒入蔬菜高汤，大火煮沸，加盐、水淀粉制成金汤，淋入盘中即可。

营养价值： 竹荪的有效成分可补充人体必需的营养物质，提高机体的免疫抗病能力。竹荪能够保护肝脏，减少腹壁脂肪的积存。

晚餐

晚餐

腐乳烧芋头

原料： 芋头250克，红腐乳3块，葱末、蒜末、酱油、胡椒粉、白糖、水淀粉、盐各适量。

做法：

1 芋头去皮，切块，放入油锅中炸至起皱，捞出沥油。

2 红腐乳碾碎，加葱末、蒜末、酱油、胡椒粉、白糖、盐搅拌均匀，淋在芋头上。

3 另起锅，倒入适量水，大火煮沸。将芋头放入盘中，上锅蒸10分钟，取出。

4 用水淀粉勾芡，淋在芋头上即可。

营养价值： 芋头口感细软，绵甜香糯，营养价值近似于土豆，又不含龙葵素，易于消化而不会引起中毒，是一种很好的碱性食物。

白菜肉卷

原料： 白菜叶300克，猪瘦肉250克，葱花、姜末、盐、料酒各适量。

做法：

1 将白菜叶用开水氽烫；猪瘦肉绞好，放入盘内加葱、姜、料酒、盐，调味成馅。

2 把调好的馅放在摊开的白菜叶上，卷成筒状，再切成段，上笼蒸30分钟即可。

营养价值： 猪瘦肉中的脂肪含量很高，可以很好地补充过量消耗的体力。白菜与猪肉搭配，营养价值更高，易于消化，还补充维生素。

第4周 食谱推荐

早餐

午餐

红薯大米粥

适量食用红薯是不会使人发胖的，红薯还是一种理想的减肥食物。

原料： 大米80克，红薯50克，红枣5个。

做法：

1 将红薯洗净，去皮切薄片；红枣洗净，去核，切薄片；大米淘洗干净。

2 将大米放入锅中，加水大火煮开，转小火，加入红薯和红枣，煮至大米与红薯熟烂即可。

营养价值： 红薯营养丰富，含大量碳水化合物、蛋白质、胡萝卜素和矿物质，常食可护肤减肥。

> 吸烟者最好每天吃一些富含维生素A的食物如红薯，可以预防肺气肿。

四喜烤麸

原料： 干烤麸2片，干香菇6朵，干黄花菜、干木耳、熟花生仁、生抽、老抽、白糖、香油、盐各适量。

做法：

1 干黄花菜、干木耳、干香菇用水泡2小时。

2 干烤麸放入加盐的水中焯烫2分钟后挤去水分，切成小块。

3 木耳撕成朵，香菇切成块。

4 将生抽、老抽、白糖搅拌均匀调成调味汁。

5 油锅烧热，放入烤麸块，煎至表面浅黄，放入木耳、香菇、黄花菜、熟花生仁，淋入调味汁，翻炒，加水小火煮10分钟。淋入香油，大火收汁。

营养价值： 烤麸是一种高蛋白质、低脂肪、低碳水化合物的健康食物。

莴苣

橘子

菠菜

番茄

樱桃

补充叶酸

叶酸对细胞的分裂生长及核酸、氨基酸、蛋白质的合成起着重要的作用。人体缺少叶酸可导致红细胞的异常，贫血以及白细胞数减少，叶酸是胎儿生长发育不可缺少的营养素。

午餐

晚餐

秋葵炒香干

原料： 秋葵6个，香干4片，白醋1小匙，蒜末、盐各适量。

制作步骤：

1 秋葵洗净，切成小段，放入沸水中焯烫2分钟，捞出沥干。

2 香干切条，放入开水中焯烫，取出沥干。

3 油锅烧热，放入蒜末爆香。

4 放入秋葵段和香干条，翻炒几下后，淋入白醋、盐，再炒2分钟即可。

营养价值： 秋葵肉质柔嫩、润滑，风味独特，有缓解咽喉肿痛的作用，还可以缓解胃炎症状，促进消化和吸收，促进食欲。

奶油蘑菇意大利面

原料： 天使面100克，牛奶250毫升，淡奶油、黄油、橄榄油、培根、口蘑、黑胡椒粉、盐各适量。

做法：

1 培根、口蘑切片。

2 锅烧热，放入黄油，煎至融化，放入培根片，炒香。放入口蘑片、盐翻炒，倒入牛奶。

3 另起锅，倒入淡奶油、盐，煮沸后制成酱汁。

4 放入天使面，中火煮8分钟后，捞出过凉，用少量橄榄油搅拌一下。

5 浇上酱汁，撒上黑胡椒粉，搅拌均匀即可。

营养价值： 意大利面易于消化吸收，有改善贫血、增强免疫力、平衡营养吸收等功效。

早餐

午餐

冰糖蒸梨

吃较多梨的人比不吃或少吃梨的人患感冒概率要低，有科学家和医生把梨称为"全方位的健康水果"。

原料： 梨 1 个，冰糖 10 克。

做法：

1 梨洗净，去皮，切两半，将核去掉。

2 把冰糖放在梨核的位置，梨放入碗内，上锅隔水蒸 15 分钟即可。

> 脾胃虚弱的人不宜吃生梨，可把梨切块煮水或者蒸着食用。

营养价值： 梨是我国传统的食疗补品，可以滋阴润肺，止咳祛痰，对嗓子具有良好的润泽保护作用。梨是一种性质寒凉的水果，寒性体质的人群是不适合食用的。另外，平时吃梨也要适量，不然会引发腹泻。

菠萝咕咾肉

原料： 五花肉 300 克，彩椒、菠萝各 100 克，淀粉、料酒、盐、胡椒粉、白醋、糖、番茄酱、辣椒油各适量。

做法：

1 五花肉洗净切片，彩椒切滚刀块，菠萝切块。

2 将白醋、糖、番茄酱、辣椒油、盐及清水调成糖醋汁。

3 五花肉加料酒、盐、胡椒粉腌渍，捞出滚干淀粉，用手攒成圆形，入锅炸透。

4 油锅烧热，下入彩椒、菠萝煸炒一下，倒入糖醋汁勾芡，再倒入肉团，炒匀即成。

营养价值： 菠萝含有一种叫"菠萝朊酶"的物质，它能分解蛋白质帮助消化。在食肉类或油腻食物后，吃些菠萝对身体大有好处。

皮蛋豆腐

原料：内酯豆腐1盒，皮蛋2个，彩椒1个，葱末、蒜末、酱油、醋、盐各适量。

做法：

1 皮蛋剥壳，切丁。

2 豆腐切条，彩椒切丁。

3 将豆腐条装在盘子中央，上面码一圈皮蛋。

4 将彩椒丁放在豆腐上，撒上蒜末。最后浇上适量的酱油、醋、盐，撒上葱末即可。

营养价值：皮蛋是利用石灰等强碱性物质制作而成，所以能够中和胃酸，对胃酸引起的胃痛或胃病有一定的缓解作用。

孜然杏鲍菇

原料：杏鲍菇400克，孜然1匙，盐适量。

做法：

1 杏鲍菇冲洗干净后，用厨房纸擦去表面的水分。

2 杏鲍菇切片，放入锅中干煸，直至出水。

3 关火，将杏鲍菇片盛出，倒出水。

4 锅中倒入油，油热后放入杏鲍菇片、孜然，不停翻炒，炒出香味后，加盐调味即可。

营养价值：干杏鲍菇中蛋白质含量为20%，是一种高蛋白、低脂肪的营养保健食物，经常食用可以为机体补充蛋白质，加强营养增强机体免疫抵抗力，强身健体。

早餐

午餐

红烧牛肉面

早晨应该吃蛋白质含量高的食物，像牛肉面就是很好的选择。

原料:牛肉100克，面条150克，香菜叶、葱段、酱油、盐各适量。

做法:

1 牛肉洗净；葱段、酱油、盐放入沸水中，用大火煮4分钟，制成汤汁。

2 将牛肉放入汤汁中煮熟，取出晾凉切片。

3 面条放入汤汁中，大火煮熟后，盛入碗中，放入牛肉片，撒上香菜叶即可。

营养价值：牛肉富含蛋白质、氨基酸，能提高机体抗病能力，对缓解失血症状、修复组织等方面也很有功效。

> 牛肉中的铁含量丰富，能有效预防缺铁性贫血。

胡萝卜苹果汁

原料: 胡萝卜150克，苹果1个。

做法:

1 将胡萝卜、苹果分别洗净，切块。

2 把胡萝卜块和苹果块放入榨汁机里，加适量的温开水榨打成汁即可。

营养价值：胡萝卜素在肠道中可转变成人体所需的维生素A，因此，喝点胡萝卜汁，可以补充维生素A。胡萝卜苹果汁中含有丰富的维生素和矿物质，有利于口腔及消化道黏膜的修复，每天就餐时可以喝一杯。

晚餐

晚餐

红油酸笋

原料: 笋干50克,干红尖椒2个,香醋、生抽、盐各适量。

做法:

1 笋干用水冲洗一下,然后用水浸泡8小时。

2 将笋干切成细丝,放入锅中,煮20分钟,捞出过凉,放入容器中。

3 将香醋、生抽、油、盐调成调味汁,淋在笋干丝上。

4 油锅烧热,放入干红尖椒爆香,将热油淋入笋干上,搅拌均匀即可。

营养价值: 笋是一种高蛋白、低淀粉食物,对肥胖症、高血压等有一定的食疗作用。笋所含的多糖物质,还具有一定的抗癌作用。

当归生姜羊肉煲

原料: 羊肉500克,生姜片30克,当归2克,葱段、盐、料酒各适量。

做法:

1 羊肉洗净、切块,用热水余烫,去掉血沫,沥干备用;当归洗净,在热水中浸泡30分钟,然后切薄片,浸泡的水不要倒掉,用泡过当归的水煲汤。

2 将羊肉块放入锅内,加入生姜片、当归、料酒、葱段和泡过当归的水,小火煲2小时,出锅前加盐调味即可。

营养价值: 此煲既补阳气又补气血,很适合一到冬天就手脚冷麻的备孕女性食用。

图书在版编目（CIP）数据

备孕营养餐 / 刘桂荣编著 . -- 南京：江苏凤凰科学技术
出版社，2018.8
（汉竹·亲亲乐读系列）
ISBN 978-7-5537-9289-7

Ⅰ . ①备… Ⅱ . ①刘… Ⅲ . ①孕妇-妇幼保健-食谱Ⅳ .
① TS972.164

中国版本图书馆 CIP 数据核字 (2018) 第 118796 号

中国健康生活图书实力品牌

备孕营养餐

编 著	刘桂荣	
主 编	汉 竹	
责 任 编 辑	刘玉锋	黄翠香
特 邀 编 辑	孙 静	
责 任 校 对	郝慧华	
责 任 监 制	曹叶平	方 晨

出 版 发 行	江苏凤凰科学技术出版社
出版社地址	南京市湖南路 1 号 A 楼，邮编：210009
出版社网址	http://www.pspress.cn
印 刷	南京精艺印刷有限公司

开 本	720 mm×1 000 mm 1/16
印 张	11
字 数	220 000
版 次	2018 年 8 月第 1 版
印 次	2018 年 8 月第 1 次印刷

标 准 书 号	ISBN 978-7-5537-9289-7
定 价	49.80 元

图书如有印装质量问题，可向我社出版科调换。